2018年　2018（总第21册）

主管单位：中华人民共和国住房和城乡建设部
　　　　　中华人民共和国教育部
主办单位：教育部高等学校建筑学专业教学指导分委员会
　　　　　全国高等学校建筑学专业教育评估委员会
　　　　　中国建筑学会
　　　　　中国建筑工业出版社
协办单位：清华大学建筑学院　　　　　同济大学建筑与城规学院
　　　　　东南大学建筑学院　　　　　天津大学建筑学院
　　　　　重庆大学建筑城规学院　　　哈尔滨工业大学建筑学院
　　　　　西安建筑科技大学建筑学院　华南理工大学建筑学院

顾　问：（以姓氏笔画为序）
齐　康　关肇邺　李道增　吴良镛　何镜堂　张祖刚　张锦秋
郑时龄　钟训正　彭一刚　鲍家声
社　　长：沈元勤
主管副社长：欧阳东

主　　编：仲德崑
执行主编：李　东
主编助理：屠苏南

编辑部
主　　任：陈夕涛
编　　辑：徐昌强
特邀编辑：（以姓氏笔画为序）
王　蔚　王方戟　邓智勇　史永高　冯　江　冯　路　李旭佳
张　斌　顾红男　郭红雨　黄　瓴　黄　勇　萧红颜　谭刚毅
魏泽松　魏皓严
装帧设计：编辑部
平面设计：边　琨
营销编辑：柳　涛
版式制作：北京嘉泰利德公司制版

编委会主任：仲德崑　朱文一　赵　琦　咸大庆
编委会委员：（以姓氏笔画为序）
丁沃沃　马树新　马清运　王　竹　王建国　王洪礼　毛　刚
孔宇航　吕　舟　吕品晶　朱　玲　朱小地　朱文一　仲德崑
刘加平　刘　甦　刘　塨　刘克成　庄惟敏　关瑞明　孙一民
孙　澄　杜春兰　李子萍　李兴钢　李　早　李岳岩　李保峰
李振宇　李晓峰　时　匡　吴长福　吴庆洲　吴志强　吴英凡
沈　迪　沈中伟　张　顾　张玉坤　张成龙　张兴国　张　利
张　彤　张伶伶　张珊珊　陈　薇　陈伯超　邵韦平　范　悦
周　畅　周若祁　单　军　孟建民　赵　辰　赵万民　赵红红
饶小军　秦佑国　桂学文　夏铸九　顾大庆　徐　雷　徐行川
徐洪澎　凌世德　唐玉恩　黄　耘　黄　薇　曹亮功　龚　恺
常　青　常志刚　崔　恺　梅洪元　梁　雪　梁应添　韩冬青
覃　力　曾　坚　魏宏杨　魏春雨
海外编委：张永和　赖德霖（美）黄绯斐（德）王才强（新）何晓昕（英）

编　　辑：《中国建筑教育》编辑部
地　　址：北京海淀区三里河路9号　中国建筑工业出版社　邮编：100037
电　　话：010-58337043　010-58337110
投稿邮箱：2822667140@qq.com
出　　版：中国建筑工业出版社
发　　行：中国建筑工业出版社
法律顾问：唐　玮

CHINA ARCHITECTURAL EDUCATION

Consultants：
Qi Kang　Guan Zhaoye　Li Daozeng　Wu Liangyong　He Jingtang
Zhang Zugang　Zhang Jinqiu　Zheng Shiling　Zhong Xunzheng
Peng Yigang　Bao Jiasheng

President：　　　　　　　　　　**Director**：
Shen Yuanqin　　　　　　　　　　Zhong Dekun　Zhu Wenyi　Zhao Qi　Xian Daqing
Editor-in-Chief：　　　　　　　**Editoral Staff**：
Zhong Dekun　　　　　　　　　　Xu Changqiang
Deputy Editor-in-Chief：　　　　**Sponsor**：
Li Dong　　　　　　　　　　　　China Architecture & Building Press

图书在版编目（CIP）数据

中国建筑教育.2018．总第21册/《中国建筑教育》编辑部编.—北京：中国建筑工业出版社，2019.10
ISBN 978-7-112-24207-8

Ⅰ.①中…　Ⅱ.①中…　Ⅲ.①建筑学-教育研究-中国　Ⅳ.①TU-4

中国版本图书馆CIP数据核字（2019）第204449号

开本：880×1230毫米　1/16　印张：8½　字数：319
2019年10月第一版　2019年10月第一次印刷
定价：30.00元
ISBN 978-7-112-24207-8
（34580）

中国建筑工业出版社出版、发行（北京海淀三里河路9号）
各地新华书店、建筑书店经销
天津翔远印刷有限公司印刷

本社网址：http://www.cabp.com.cn　中国建筑书店：http://www.china-building.com.cn
本社淘宝天猫商城：http://zgjzgycbs.tmall.com　博库书城：http://www.bookuu.com
请关注《中国建筑教育》新浪官方微博：@中国建筑教育_编辑部
请关注微信公众号：《中国建筑教育》

目 录

篇首语

　　面对不同地域、不同赛道、不同类别的建筑院系，比起所谓的面面俱到，有目的、有理想、选择合适的关注方向做出特色则更值得称道。世界上一直存在"大同小异"的建筑教育，不存在绝对的"对与错"、"好与不好"的价值评判标准。在不断完善和提升建筑教育教学的家国情怀、人文关怀、艺术素养内涵的同时，我们需要做到"超前识变"、"积极应变"、"主动求变"，大力促进并加快完善现代信息技术与专业教育教学的深度融合。

　　那么建筑院校应当如何保持教育特色？选择适合学校本身的教学定位是直面挑战的关键点。就中国建筑教育而言，人才培养应该在满足数量要求的基础上追求质量提升，进而满足此双重需求。具体来说，未评估的学校应积极建设，争取早日"达标"申请评估，使中国整体的建筑教育平均水平得以有序上升。而对于已评估过的学校，特别是办学历史悠久、质量稳中有升的学校，应积极谋求特色和多元化的发展。多元化的发展应当包括多极、多流派、包容边缘和个性化的教学探索。不能简单地把特色看成是实验性，建筑教育的特征体现在方方面面，可以是注重工地现场实践，可以是与地域、地形、地貌和生物气候特点紧密结合，可以是注重文化的传承等等。

　　我们应当全面贯彻落实全国教育大会——全面振兴本科教育的使命，回答"培养什么人、怎样培养人、为谁培养人"的根本性问题。建筑教育受教者要有健全的人格，要具备生态伦理、职业操守的意识。如何通过建筑设计重新建构具有中心性、互动性的场所，塑造富有文化内涵和情怀的城乡人居环境，这些都成为建筑教育需要回答的重要问题。建筑院校背景的差异性并不会影响大家朝向同一目标前进这一事实，中国建筑教育发展的"蓝海"依然可见可达。我们希望看到的是中国建筑教育的群峰竞秀、"百舸争流"，最终得以呈现出不同特色的建筑教育学百花齐放的"丛林"场景。

——王建国

摘自《新时代建筑教育发展趋势的几点思考》

场所营造

——昙华林历史街区城市设计教学实践

李欣　程世丹　张翰卿　舒阳

Place-making, Pedagogy of Urban Design for Tanhualin Historical District

■摘要：针对当前我国城市化进程中的场所感缺失的问题，本文以武汉大学建筑学专业本科城市设计课程"昙华林历史街区城市设计"为例，探索基于"场所营造"思想的模块化城市设计教学实验，对教学框架、教学组织与设计、课程安排及作业解析等内容进行了总结，提取出三种有利于培育场所的设计模式，为建筑学专业的城市设计教学在变革和新常态中继续发挥积极作用寻求突破口。

■关键词：城市设计　教学　场所营造　昙华林

Abstract：Aiming at the current problem of the losing identity of places in urban transformation，this paper takes the undergraduate urban design studio of architecture program in Wuhan University，the Tahnhualin historical district urban design，to explore a tentative teaching module under the guidance of Place—Making theory．The teaching framework，studio organization and design，course arrangement，and evaluation of student works in this studio are summed up．Three typical strategies are summarized to breed the forming of sense of Place．This paper could help the urban design studio in architectural program seek a breakthrough to keep playing an active role in the era of new normal．

Keywords：Urban Design；Teaching；Place—Making；Tanhualin District

1　引言

　　我国的城市设计教学始于 20 世纪 80 年代，部分高校开始积极开展相关的教学研究，一些城市设计的经典理论被逐步引入课程体系，城市设计方向的课程和设置亦以此为起点逐步展开[1]。20 世纪 90 年代以来，许多高校将城市设计理论与实践课程纳入建筑学和城市规划本科及硕士的教学计划，城市设计作为一个重要的研究方向，其教学的重要性得到了更广泛的认知[2]。当前，我国城市设计的研究呈现出多方向性发展的特征[3]，建筑学、城市规划设计、地理学科、城市系统和土地规划等不同学科背景的教育培养方向存在客观上的差异，由于跨越多个学科专业，因此在城市设计的教学方面，其教学内容和教学方式上均存在不同的侧重点[4,5]。对于建筑学专业的教学而言，既面临挑战，也存在机遇。中国近30年的高速城市化进程使得原本以规模为主的增量型扩展转变为以质量为主的存量型优化，城市设计如何能够在变革和新常态中继续发挥积极作用，成为中国建筑学发展的一个关键突破口。重要的是，上述各个学科对于在当代复杂城市条件和文化条件下所采取的兼具思想性和实效性的设计策略普遍表达了高度关切，体现出学术界对地域性文脉及场所精神的共同价值取向[6]。美国学者罗杰·特兰西克（R.Trancik）指出"城市设计的核心是通过设计来进行城市空间和场所的营造"[7]，因此，除了继续坚持将设计能力的培养作为建筑学专业课程体系的核心之外，如何将社会文化的变化和影响引入到城市设计的课程中来，不仅关系到教学方式本身的调整，也涉及未来建筑学的学科发展。

2 场所精神与城市设计

2.1 "场所"和"无场所"

从物质层面上看，人们生活的世界是一个三维空间，空间的概念遍及人们日常生活的经验中，因为世上所有的事物都存在于空间中，场所也与之紧密联系，空间只有从社会文化、历史事件、人的活动和特定的地域条件中获得意义时才能成为场所，也就是说，场所是有意义的空间。

在建筑领域中，挪威学者诺伯格·舒尔兹（N.Schulz）强调人们的主观经验与对真实世界的解释，追求表象背后的深层意义，在他看来，场所的本质在于能使人们在世界中得到定居，并从中深刻而广泛地体验自身和世界的意义[8]。也就是说，人们在场所中的定居不仅意味着身体寄于场所之中，还包含有更为重要的精神和心理上的尺度，即心属于场所，因而场所是人们产生归属感的地方。以建筑的角度看，场所不仅仅是一个抽象的区位而已，而是包括实体的特性、形状、质感、颜色等具体事物，以及相关的文化事件共同组成的一个整体，场所以具体的建筑形式和结构，丰富了人们的生活和经历，以明确而积极的方式将人们与世界联系在一起。

此外，拉尔夫（E.Ralph）还从现象地理学的角度论述了"场所"与"无场所"的观念，他将场所视为各种各样的经验现象，认为人们无论何时感受和认识空间，都必然会与场所的概念联系在一起，对拉尔夫而言，场所本质上是从生活经验中建构的意义中心，是"过去的经验、事件"和"未来的希望"的当前表现。反之，拉尔夫将"无场所"定义为"无意中彻底消除场所特征"和"标准景观的建造"，他将"均质性"作为一种"无场所地理"的象征，它意味着可辨别的、民族的、地方的特色的失落，因而"无场所"不仅意味着丧失了多样性的景观，也意味着消除了有意义的场所[9]。此外，特兰西克还用"失落空间"（Lost Space）来描述当前城市中的各种"无场所"现象和环境，例如：位于高层建筑底层的被弃置的无结构性场地、与城市步行活动分离的无人问津的下沉广场、公路两侧无人管理维护的无主土地、在城市中遗留的工厂废址、破败的公园以及因无法达成预定目标而即将被迫拆除重建的公共住宅等。

2.2 场所营造

场所是具有"情感性"的空间，空间被特定的文化或地区内涵赋予意义从而成为"场所"。"场所"通过具有特殊气氛的空间进行呈现，包括空间形态与场所特质。空间形态通过人们定位把握自己与环境的关系，从而产生安全感；而场所特质的感知产生认同感，使人把握并感知自己生存的文化，形成归宿感。当代城市场所营造是建立在对"无场所"现象的批判基础上，其目的是重新恢复人与场所的和谐关系。从字面上看，"场所营造"就是关于建构场所的营造行为。然而，基于以上对场所与无场所的认识，可以看出"场所营造"所蕴涵的内容并非如此简单。在全球化时代，要对无场所的城市现象进行富有成效的抵抗，重建或恢复有意义的场所，有必要对"场所营造"的概念做出明确而实效的阐释，通常情况下，"场所营造"的概念包含以下要点：

（1）场所营造为人提供一种可认同的、具有归属感的场所。

（2）场所营造强调创造具有吸引力的、特征鲜明的、有丰富内涵的环境。

（3）场所营造鼓励人们的社会交往。

（4）场所营造是一种多学科的活动，需要不同领域的共同努力。

（5）场所营造是一个过程，场所中的基本元素（人、环境、意义）呈现出动态的平衡。

3 教学设计

3.1 任务要求

在上述背景下，武汉大学城市设计学院建筑系从2012年开始尝试从"场所营造"的角度探索具有建筑学专业特色的城市设计课程建设，并在2015年全国高等学校建筑设计教案和教学成果评选中获得优秀奖，笔者作为该课程的指导教师对整个教学过程进行了记录，本文是笔者是基于对教学的阶段性小结和对今后发展的思考。

课程的地段选址为武汉市昙华林历史文化街区，该地段地处武昌旧城东北部，是《武汉市历史文化名城保护规划》确定的五片"历史文化街区"之一和首义人文轴的北部节点（图1），街区内聚集了数十处百年历史建筑，见证了当时各阶层的人居环境和生活环境，真实展现出当时政治、经济、文化教育、宗教民俗等多方面信息，构成一个区域化的近现代文化生态环境，是探索武昌城市文脉的"实物标本"。在本次教学中，我们将研究范围划定为65公顷，具体的设计范围为24.74公顷（图2），包括原瑞典教区、徐源泉公馆等昙华林核心保护区及建设控制地带区域，课程要求学生在该区域内调研发现并总结问题，提出整体城市设计构想，并据此选择重点地段结合场所营造理论与方法进行深入的城市设计，具体要求包括：

第一，了解场所营造和城市设计的基本概念，引导学生深入理解城市设计的场所内涵、指导思想与设计原则，掌握利用场所营造方法进行城市设计的方法，熟悉城市设计的设计过程。

第二，建构多维复杂的城市场所观，培养学生从城市角度观察理解基地的能力，引导学生通过主动观察来获得关于较大尺度的城市环境的第一手资料，通过分类检核从背景资料中提取有用信息，发现和归纳城市环境中存在的问题，分析和捕捉场地特质及发展潜能，研究和分析场所意义及其社会、文化内涵，并由此提出个人的理解和假设。

第三，探索场所锚固的空间策略，培养学生初步的前期策划能力，引导学生深入理解城市生活以及城市活动对空间的要求，在实地调研的基础上，策划公共空间活动，确定街区功能定位，提出场所营造的整合策略，并建立真实的场所感受，在不同尺度环境、不同社会背景下采取合适的空间设计策略和技术方法，合理运用建筑手法塑造城市空间环境。

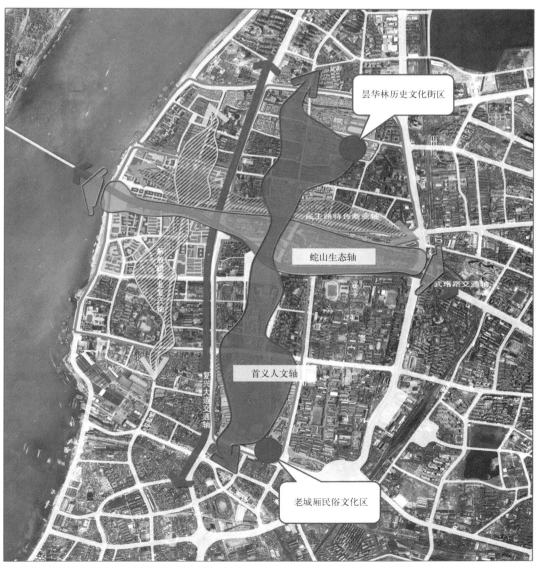

图1　武昌老城的场所意象——自然轴线与人文轴线

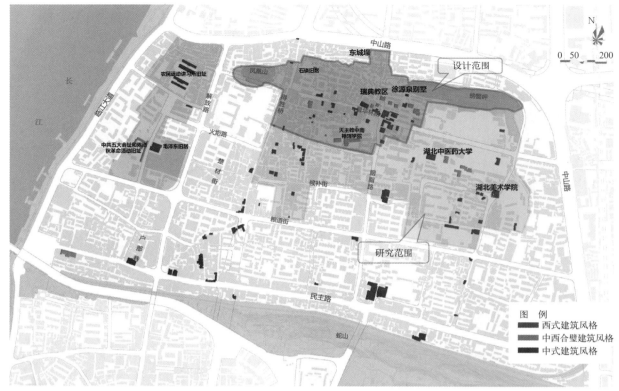

图2 课程的选址范围

第四，掌握"分析＋设计"的生成设计方法，培养以研究促设计的思维习惯，在调研中发现问题、生成概念、厘清思路、形成对策；并了解城市设计涉及面广，需要多学科融贯、交叉，培养学生团队协作的意识和能力，学习协调沟通技巧，熟练运用草图、模型、多媒体、图纸、文本等多种手段表达设计思想。

3.2 课程安排

武汉大学城市设计学院建筑系在本科的设计课程中根据不同阶段制定了相应的研究性教学主题，其中城市设计的教学环节对应于"建筑与城市"主题被安排在四年级进行，构成了建筑学本科生接触城市问题的关键环节，着重强调运用场所营造的思想进行相关设计实践，通过理论引导和教学实践贯彻人文关怀、现实关注、场所价值、过程导向（图3），教学活动在9周的时间里分4个阶段逐步展开，采用每周评图与按阶段深入讨论相结合的方式进行。

第一阶段为期两周，内容包括对城市设计基本理论的讲解和讨论，重点介绍了关于场所营造的理论和方法。与此同时，学生被分为4~5人的小组，通过采访规划局相关专家和当地居民、现场调研、文献查阅等方法，对昙华林的现状及规划进行了解，熟悉研究范围及周边环境，了解昙华林的文化背景和历史发展脉络，从档案馆、图书馆搜集昙华林的相关历史图集，并搜集查阅和分析国内外历史文化街区的城市设计案例等。

第二阶段为期两周，在对研究范围内的各种建筑与空间要素进行普查的基础上，了解核心区域内的重要建筑、构筑物、空间场所、交通组织、景观要素等的相关属性，例如建筑的建造年代、权属、类型、高度、艺术价值、工艺环节与内容等（表1），建立GIS空间数据库，调查各种日常活动在空间中的分布并进行评价，发掘城市特色元素以及具有文化与历史价值的非物质文化遗存，并分析其中典型的社会经济活动是如何与物质空间形态相结合并在其中运转的。

第三阶段为期三周，是城市设计的总体策略阶段，包括策划总体发展定位与目标、功能内容、主要活动等，结合场所营造的基本思想确定地段总体保护策略，确定保护地段内建筑空间形态与城市之间的关系，梳理交通体系与景观系统，确立总体构思和空间形态。

第四阶段为期两周，是综合设计及成果表达阶段，对设计内容进行细化，包括深化城市设计方案，完成方案设计构思陈述和成果表达，并邀请规划师、建筑师、外校教师、社区居民代表等参与最终的开放式评图答辩，与学生就提出的问题展开分析与讨论。

为了在教学中强调过程和思维训练，教学框架突出对设计思维的拓展与转换（图4），鼓励学生在合理过程的引导下产生多样化的设计结果。一方面，强化设计过程中的多维理性思辨成分，提高学生发现、分析问题的能力，掌握大尺度设计对象的描述方法，提高掌控全局的逻辑思维能力，让学生由建筑到城市、由城市到建筑两个方向建立一种整体的设计观念，有效提高学生综合设计能力；另一方面，在教学中将城市设计的空间形态训练和社会分析训练有效结合起来，尤其是社会方面的问题，针对当地社会错综复杂的时代特征，空间所显现的和以空间方法解决的都不只是空间问题——经济、社会、政治与生态等状态都会在空间中显现，强调"从建筑到城市"的目标指向调整，突出"从独立到系统"的教学结构应对。

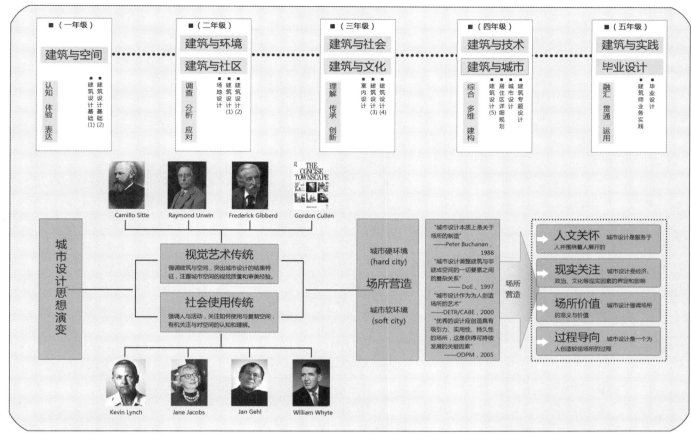

图3　课程体系中的主题式教学单元构成

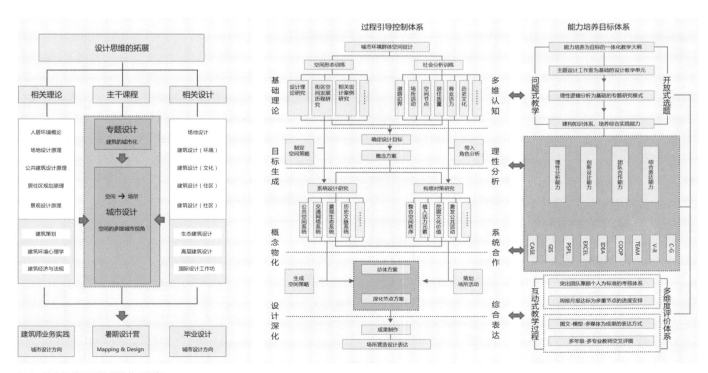

图4　城市设计课程的教学体系框架

表1 研究范围内的历史建筑调研

编号	类型	历史建筑名称	编号	类型	历史建筑名称	编号	类型	历史建筑名称	编号	类型	历史建筑名称
1	国家级文保单位	农民运动讲习所旧址	25		徐氏公馆	49		得胜桥74-80号	73	优秀历史建筑	棋盘街19号
2		石瑛旧居	26		圣约瑟学堂旧址	50		四衙巷7号	74		棋盘街7号
3	省级文保单位	国民政府军事委员会政治部第三厅旧址	27		晏道刚公馆	51		四衙巷6号	75		荆南街51号
4		中共五大会址和陈潭秋革命活动旧址	28		文华大学文学院	52		棋盘街97号	76		忠孝门57号
5		毛泽东同志旧居	29		文华大学学生宿舍	53		粮道大街37号	77		忠孝门65号
6		张难先旧居	30		文华大学礼拜堂	54		粮道街31号	78	一般历史建筑	武昌正卫衙门遗址
7	市级文保单位	万婴墓	31		瞿雅阁健身所	55		粮道街91号	79		传统民居
8		私立武汉中学旧址	32		武昌区鼓架坡59-61号	56		青龙巷91号	80		传统民居
9		花园山牧师公寓	33		半园	57		青龙巷88号	81		传统民居
10		武昌黎元洪公馆	34		钱基博故居	58		青龙巷85号	82		真理中学旧址
11		武昌徐荣廷公馆	35		得胜桥351号	59		青龙巷79号	83		昙华林141号民居
12	不可移动文物	雄楚楼10号	36	优秀历史建筑	得胜桥304号	60	优秀历史建筑	青龙巷78号	84		公书林辅楼书库（文华大学）
13		刘家淇故居	37		昙华林24号	61		青龙巷13-74号	85		育婴堂
14		昙华林32号	38		福利村8号	62		民主路93号	86		得胜桥老店面
15		翁守谦故居怡和村	39		戈甲营72、76号	63		粮道街188号	87		双柏前街32号民居
16		瑞典教区旧址	40		戈甲营74、78号	64		民主路109号	88		法学院（文华大学）
17		夏斗寅、徐源泉别墅	41		昙华林101号	65		民主路113号	89		教育学院（文华大学）
18		基督教崇真堂	42		太平试馆9号	66		民主大巷6-19号	90		鼓架坡11号民居
19	优秀历史建筑	汪泽旧宅	43		太平试馆12号	67		横街2-10号	91		涵三宫36号里分住宅
20		蔡广济旧宅	44		全安巷29号	68		民主路183-189号			
21		嘉诺撒仁爱修女会礼拜堂	45		全安巷10号	69		民主路230号			
22		仁济医院	46		操家塘12号	70		三道街112号			
23		天主教鄂东代牧区主教公署	47		操家塘9号	71		胭脂坪5-8号			
24		孙茂森花园遗址	48		涵三宫18号	72		鼓架坡82号			

4 设计策略与方案解析

在为期两个多月的紧张教学中，学生们基于各自对场所环境的整体解读，从不同的角度出发为昙华林历史文化街区的发展提供了思路，大胆探索了在该地段可能出现的新功能，并创造性地设计了与其对应的空间形式。在教学过程中，学生逐步领悟到一个成功的城市场所不是偶然产生的，而是需要通过某些条件来促进各种活动、意象和形式的融合。我们可以将这些有利于形成场所的条件概括为五个方面（表2）：公共领域、混合使用、步行环境、景观质量、地方文脉，这些条件还可以被细分为十五个单项，其中的每一项条件都能够对场所感的形成产生积极的影响。此外，通过对这些方案进行进一步归纳总结，我们提取出三种激发场所活力的典型策略：单点触媒模式、线性激发模式、网络链接模式。

表2 形成场所感的适宜性条件

适宜条件	品质特征
公共领域	外部空间支持
	地理位置合适
	空间类型多样
	空间形态明确
混合使用	用地功能适宜
	开发强度支持
	业态功能适配
	活动时间延长
步行环境	街区渗透力
	空间尺度宜人
	人车交通平衡
景观质量	垂直界面统一
	水平界面连续
	空间细节丰富
地方文脉	适应背景环境

4.1　单点触媒模式

单点触媒模式类似中医的针灸原理，通过在最关键的部位施以最微小的外部作用，使肌体得到最大的调理以取得最大的效益，其中蕴涵了极其深厚的设计哲学和设计思维。传统城市规划的运作空间十分有限，在具有历史文化底蕴的城市中心区，在有限的空隙中进行针灸式的改造，插入新的替代物，通过对特定地点的小尺度介入，激活其潜能，促其更新发展，进而可以对更大的城市区域产生积极影响。

案例1——"城市针灸"

该设计关注了城市设计中自下而上的动力机制如何发展为设计的可能性，方案借鉴"针灸疗法"的原理，通过四个步骤完成对昙华林历史文化街区的可持续场所营造（图5、图6）。

（1）望闻问切——号脉。学生们首先对场地进行了周密的考察调研，了解不同群体的利益诉求，特别是当地居民的权益和意愿。通过观察、访谈、空间记注等方法，发现场地中存在的一系列问题，例如该片区缺乏合理定位切功能单一，丰富的历史文化遗产比较分散，由于年久失修，又缺乏管理，难以发挥整体效用；交通组织混乱导致商业业态有限且无法与社会发生良性互动；螃蟹岬、凤凰山等原本良好的景观格局逐渐被混乱的构筑物所遮蔽，无法有效地调节景观环境；公共空间缺失，不能满足不同人群的多样需求。

（2）空间语汇——针法。昙华林的当地居民通过长期的磨合，逐渐形成了一套源于生活的自发性、小规模、渐进式的微元更新模式，学生们通过研究成功案例，对其中的优质模式进行提取和分类，形成了一套城市设计的空间语汇，作为下一步场所营造的具体手法。

（3）空间节点——取穴。调查中发现在昙华林主街、得胜桥、布衣巷、书铺街等地段存在一些代表性的空间节点（比较萧条或比较活跃），确定改善策略和需要植入的空间要素。

（4）微元疗法——施针。采用改、建、拆三种更新模式进行小规模、小尺度的场所营造，对所选穴位中的居住、商业、文化、公共入口四种代表性的空间类型进行了场所优化，制定改善并带动周边发展的系统策略，利用微创方法实现了保护与更新的动态平衡，将城市活力引入传统街区的同时，也保留了当地的场所特征。

4.2　线性激发模式

线性激发模式可以强化时空连续性，实现对空间和功能的有机融合，进而形成若干识别度很高的城市

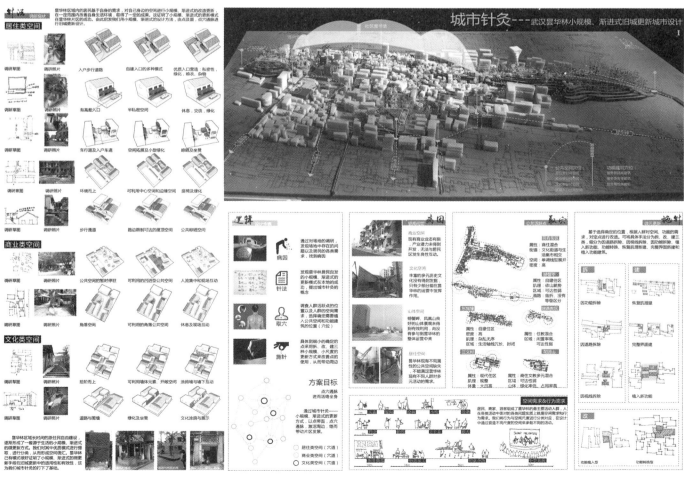

图5　城市针灸作业（一）

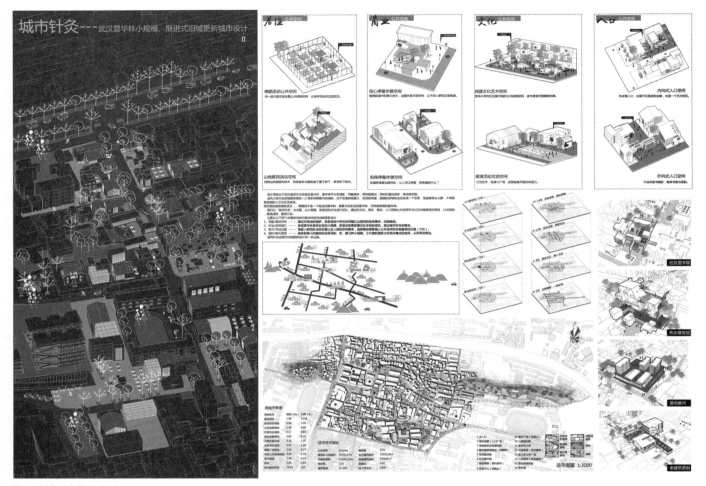

图6　城市针灸作业（二）

发展轴，这些轴线可能是长期积累所形成的，也可以通过与既有轴线的搭接形成新的轴线，通过辐射带动效应促使并催化城市内部断裂地带的生长和自我修复，提高系统的完整性。此外，线性激发模式中的各个依托项目也并不是孤立的，而是通过旗舰项目与后续项目或周边的项目在空间与内容上保持连续性，在旗舰项目的带动下，形成起决定性作用的联动效应。

　　案例2——"老街蒙太奇"

　　该设计关注了昙华林街区逐渐消失的可识别性问题，提出一套发掘并强化该地段场所意向的设计策略。该方案在着重将特定的社会人群、可能的情节和生活化的故事，意图在生动的城市漫步体验中通过场景式的设计表达进行串联，从而形成了具有某种情境的场景表达。在设计手法上，将蒙太奇拍摄手法转化为城市设计中组织建筑与空间的语言，通过交叉蒙太奇、平行蒙太奇、虚实蒙太奇、闪回等多种手段的综合运用，将昙华林的典型场所特征打散重构，利用移步换景、视线引导的方法，将各种空间进行有目的地断裂、冲突和并置，形成强烈的时空对比，为人们营造出三种体验昙华林不同历史空间的连续路径，烘托出"一座老城·三部电影"的叙事主题（图7、图8）。同时，该设计在原本较为单一的居住功能中注入了各种小尺度的商业元素，将功能的分解和重构有机地分布在可以营造的场所环境中，形成了各种特色鲜明的主题式旗舰项目体验区，包括艺术家创意工坊、古城墙遗址、瑞典教区、步行商业主街、社区巷道等，让人们感觉时而置身于同一时间轴的不同节点，时而置身于两个截然不同的时间轴中，时空的混淆戏剧性地强化了昙华林的场所特征和空间体验。

4.3　网络链接模式

　　在当前互联网技术、信息通信技术与物联网技术的高速发展背景下，大量智能终端设备接入网络从而产生并传播海量的信息数据。大数据环境可以使得远程交互技术与传统的关联耦合模式相结合，从而成为一种全新的网络链接模式[10]。关联耦合模式在建筑学中也被称为连接理论（linkage theory），是城市设计中关于连接城市各部分要素的一种理论方法，王伯伟教授曾经提出通过"连接键"来关联各种城市公共空间，并借助这一策略来营造城市建筑环境中视觉、功能及城市意象方面的连续性和整体感[11]。网络链接模式在新型数据环境的作用下，可以通过虚拟现实交互的方式衍生出更多可能活动和交往行为，从而极大地延伸了场所的时空感。

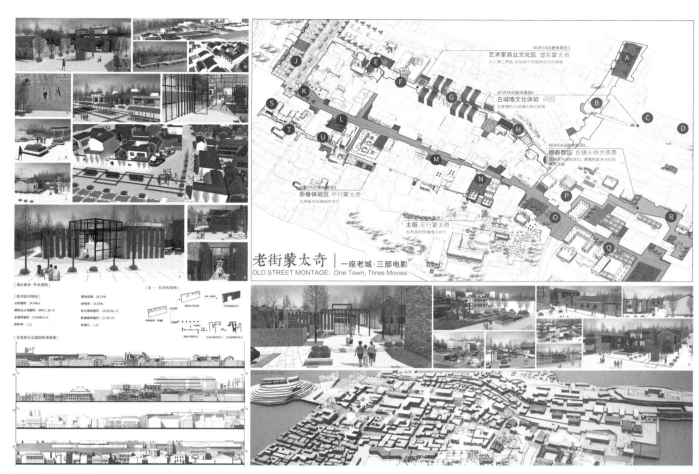

图 7 老街蒙太奇作业（一）

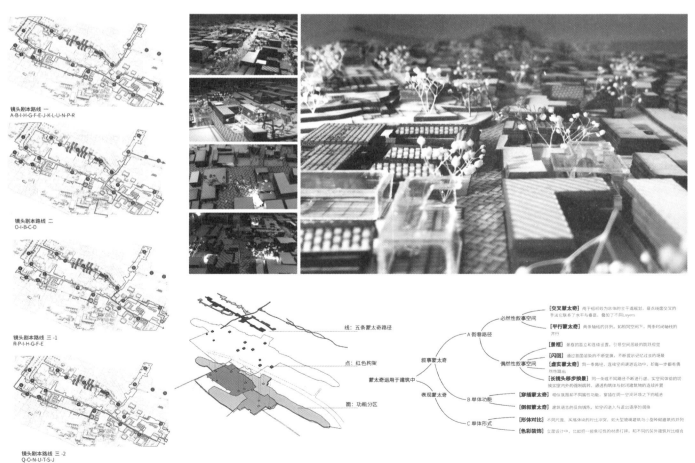

图 8 老街蒙太奇作业（二）

案例3——"云中村"

该方案分析了昙华林作为生活和生产场所的空间结构，研究其在不同时期的空间形态和历史变迁过程（自发性聚落——旧城核心区——衰败棚户区），结果显示了昙华林的三山绿地格局（凤凰山、花园山、螃蟹岬）、高密度肌理、路径系统、公共空间节点被潜在的秩序加以整合，使得当地的社区居民在日常生活中存在较其他都市单元更高的交往频率。因此，该方案在此基础上提出了网络链接模式的改善策略，在保存昙华林街区中众多的历史文化遗迹、景观要素、日常交往空间节点、习惯性路径系统的基础上，利用昙华林毗邻湖北美术学院的优势，营造浓厚的艺术文化氛围，吸引更多的创意人才进驻社区，通过植入一系列数字模块为年轻的创业者提供场所与服务设施，并作为保存和展示昙华林街区场所记忆的空间节点（图9、图10），带动社区的产业升级，实现可持续性的场所更新。这些数字化的场所记忆单元具有实体和虚拟的双重属性。一方面，可以进一步激发各种有利于产生交往的互动行为，改善原有旧街区闭塞落后的面貌，巩固社区内部居民的场所意识；另一方面，也可以促进昙华林社区与城市外部的联系，通过营造符合时代需要的"云社区"的城市品牌，进而形成更为广泛的场所认同感。

5　教学启示与讨论

当代中国的城市面貌在全球化与城市化的双重推动下发生了巨大变化，出现了一系列新的城市问题和危机，包括特色的丧失、文脉的断裂、空间的无序、步行环境的恶化、空间意义的弱化等，这种危机实质上是城市"无场所化"的结果，现代城市设计在归属感方面提供的可能太有限，缺乏意义和内涵的匀质空间让人难以认同，无法产生场所感。因此，重建或恢复有意义的场所是维护和发展城市特色、塑造和提升城市环境品质的重要途径，是当代城市设计的一项基本目标，也是未来建筑学专业在城市设计课程的教学中所要迫切解决的关键问题[12]。

因此，本文基于"场所营造"的思想对建筑学专业的城市设计教学进行探索，课程选址的昙华林历史文化街区是老武汉传统日常生活场景的一个缩影，其典型空间肌理的形成和变迁具有独特的地域特征，反映了一定时期的历史演变规律。通过教学引导学生注重发掘这些独特的文化内涵和历史遗存，处理当下普遍存在的新旧融合的矛盾和问题，在保护街区整体风貌等物质要素的基础上，整合传统习俗、居民生活方

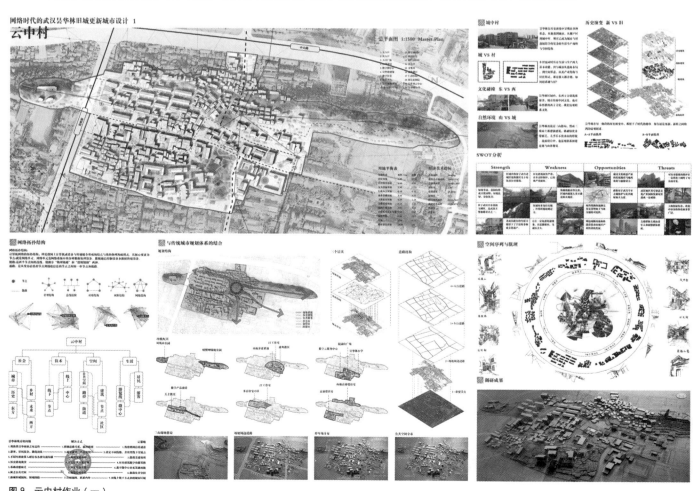

图9　云中村作业（一）

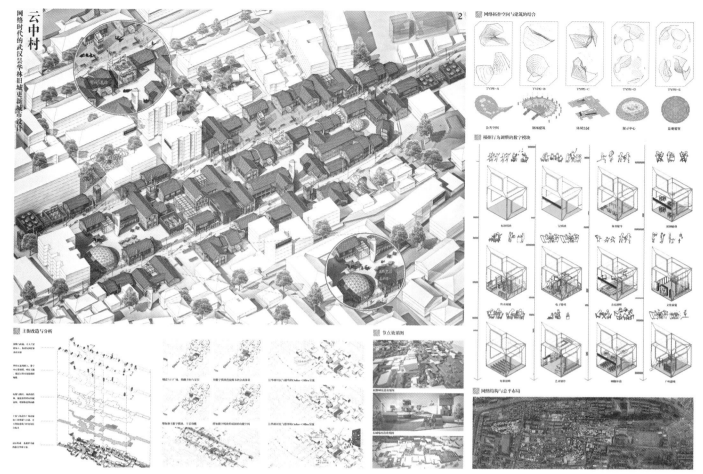

图10　云中村作业（二）

式等非物质文化要素以延续其历史传承，应当在教学过程中涵盖更多学科的分析方法，尤其需要借鉴人文学科在解决相关问题上的思路。需要继续在教学中采取包容、开放、多样的态度，探索如何为人们提供更多温暖的栖居之所，而非一个个冰冷而无意义的抽象空间。

（致谢为本文提供设计案例的同学：向刚、朱敦煌、杨昊恬、朱俊兴、王春彧、张林凝、孙思雨、姚竹西、李昊、孙恩格、马楠、黄晨虹、曹新宇、康雅迪、张萍、夏诗雪。）

国家自然科学基金资助项目（51408442）；湖北省自然科学基金资助项目（2018CFB570）。

参考文献

[1] 王建国．21 世纪初中国城市设计发展前瞻 [J]．建筑师，2003(1)：19-25．

[2] 何峰，周国华．《城市设计》教材比较研究 [J]．高等建筑教育，2009，18(6)：66-70．

[3] 周怡宁．从中德联合教学试点班看当前中国城市设计教育的新尝试 [J]．建筑学报，2005(2)：72-75．

[4] 金广君．建筑教育中城市设计教学的定位 [J]．华中建筑，2001，19(2)：18-20．

[5] 沙永杰．城市设计教学思考 [J]．2008 年"建筑教育的新内涵"全国建筑教育学术研讨会，2009，272-274．

[6] 王建国．中国城市设计发展和建筑师的专业地位 [J]．建筑学报，2016(7)：1-6．

[7] Trancik R. *Finding Lost Space: Theories of Urban Design*[M]．John Wiley & Sons，1986．

[8] Norberg-Schulz C. *Genius Loci: Towards a Phenomenology of Architecture*[J]．Genius Loci Towards A Phenomenology of Architecture，1980．

[9] Edward Relph. *Place and Placelessness*[M]．London：Pion Limited，1976．

[10] 甄峰，秦萧，王波．大数据时代的人文地理研究与应用实践 [J]．人文地理，2014(3)：1-6．

[11] 王伯伟．城市设计中的公共空间及其连接键 [J]．时代建筑，1995(3)：1-4．

[12] 朱文一．城市设计建筑 [J]．建筑学报，2016(7)：7-10．

作者：李欣，武汉大学城市设计学院建筑系，讲师，博士；程世丹（通讯作者），武汉大学城市设计学院副院长，教授，博士生导师；张翰卿，武汉大学城市设计学院建筑系，副教授；舒阳，武汉大学城市设计学院建筑系副教授

城市设计教学过程中的创意思维培养

——以沈阳建筑大学城市设计课为例

袁敬诚　关山　黄木梓　张蔷蔷

The Training of Creative Thought in the Process of Urban Design Teaching
—— As an Example the Urban Design Course of Shenyang Jianzhu University

■摘要：创意是思维的外在表象过程。本文阐述了城市设计教学中创意思维的培养方法。通过总结创作过程的思维特征和创意过程的思维方法，针对城市设计教学过程，将创作思维的历时性特征与创意能力的培养方法相结合，总结了城市设计教学不同阶段的工作要点和思维规律，提出了因果观、如是观和整体观的培养方法。

■关键词：城市设计教学过程　创意思维　因果观　如是观　整体观

Abstract：Creativity is the external representation of the mind. This article elaborated the methods of training the thought of innovation in the process of urban design teaching. It summarizes the thinking characteristics of the creative process and the thinking methods of the creative process, the basic structure of innovation ability. According to the teaching process of urban design, it combines the distantly characteristic of creative thinking with the training method of creative ability. It summarizes the work points and thinking rules of different stages of urban design teaching. It put forward the cultivation method of the cause, effect view, as is view and the overall view.

Key words：The process urban design teaching；Creative thinking；Effect view；As is view；The overall view

作为教育者和设计师共同的话题，创意能力培养一直是讨论的热点，相关研究也是见仁见智。设计创作过程中"如何思考"的问题，是创意培养的本质问题。众所周知，创意思维是极其复杂的，思维活动灵活多变，呈现"黑箱"特征；同时，创意思维又呈现出明显的过程性特征，历时性、程序性和逻辑性特征使创意过程的思维活动规律有迹可循。

1 创作过程的思维特征与创意方法

20 世纪 90 年代初，张伶伶教授将建筑创作的思维过程分为准备阶段、构思阶段和完善阶段，对三个阶段的思维规律和思维表达做出了详尽的描述。他认为，准备阶段是构思的"预热阶段"，是消化任务书，加载信息的过程，思维特征以逻辑性思维为主导；构思阶段是建筑意象逐渐形成并不断将其"物态化"的过程，这个阶段的思维最活跃、创造性思维最丰富，灵感火花不断闪现，逻辑思维与形象思维相互促进、相互激发；完善阶段是构思基本确定后，对各种技术问题做出最后的调整，使建筑意象更加具体化，将这种完善的建筑意象充分"物化"，以多种方式表现出最终的设计成果，思维特征表现出理性与感性并行不悖的状态，真正体现了技术与艺术相结合的特征。

创意是从何而来，是否可以培养呢？"创意是生产作品的能力，这些作品即新颖（原创性、不可预期），又适当（符合用途，适合目标所给予的限制）。"华人著名创意大师赖声川认为，创意是一场发现之旅，发现题目，发现解答的神秘过程；创意是看到新的可能性，再将这些可能性组合成作品的过程。

创意是一种"觉知"的智慧，是人们洞察人、事、物的真面目以及其间的所有关系的能力。赖声川提出，创意的产生需要我们改变看待世界的方式。既然创意能力是可以学习的，那么掌握思考方法就成为学习的关键。他提出了世界观、如是观和因果观三种观念。世界观是基础，是人的信仰和看待世界的观点，需要平时的积累和培养，相当于大脑中存储的信息；如是观是直接看到事物原貌的能力，当我们摒弃了日常对事物做出的判断，就会看到事物的"原貌"；因果观是看到事物因果的能力，也就是看到造成事物现况的前因，能够推测到事物未来可能的走向。如是观和因果观是相关的，有能力看到事物的原貌，才有可能看到事物的因果。

创意产生的过程，就是综合运用三种方法，发现此物与彼物新的连接方式的过程。

2 城市设计教学中的创意过程描述

城市设计是一门综合性的学科，城市设计教学要求学生熟知城乡规划的基础理论、具备规划设计和建筑设计的知识和能力、了解经济地理、城市调研、环境生态和社会人文等多方面的知识背景，因此，我们将城市设计课的教学环节设置在大学四年级下学期，本科教学的"收官环节"，课程教学时间安排为10+K。理论课程积累上，完成了城市规划原理、自然地理基础、城市建设史、生态学基础、城市经济学、城市社会学、城市规划调研方法、地理信息系统等课程，建构了完善的理论知识集群；设计能力积累上，完成了建筑设计基础、城规设计基础、城市详细规划、风景

园林设计、道路交通设计等课程，掌握了丰富的设计构思与表达能力。

沈阳建筑大学的城市设计课成果将参加每年的"教育部高等学校城乡规划专业教学指导分委员会"组织的城市设计课程作业评选，因此，城市设计教学除了让学生掌握城市设计的过程与方法之外，更重要的是创意能力的培养。设计过程中的创意能力到底是可以培养的，还是某些人的"天赋"所在？我们经过了多年的城市设计课周期的摸索，开展了一些探索和教学实践，发现了设计创意的一些发生规律。城市设计是建筑设计与城市规划之间的桥梁，创作过程既需要创意的灵感火花，又需要严谨的逻辑分析。因此，创意思维培养是城市设计教学的重要内容。

传统的城市设计教学方法和教学思路，是一种线性的教学过程，普遍的知识体系、相似的教学成果反映了教学的笼统性和表面化。结合创意思维的历时性特征和培养方法，我们把城市设计教学过程划分为设计准备、设计构思和方案完善三个阶段，结合不同阶段的工作内容，侧重于培养不同的创意能力（图1）。

设计准备阶段，设计者着眼于消化理解设计要求，调研分析设计地段，收集和整理信息，教学过程通过优秀案例分析和现状梳理，帮助学生发现问题，学习分析问题产生的原因，并推测可能的结果，通过科学理性的分析提出设计目标和设计概念，这个阶段帮助学生建立因果关系的思

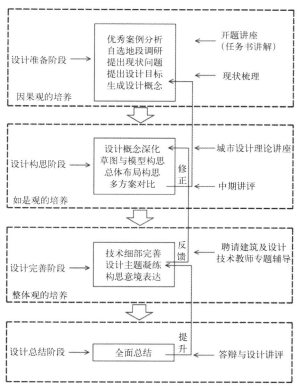

图1 城市设计教学流程图
（图片来源：作者自绘）

维方法；设计构思阶段，是对所应解决的诸多问题进行内省性的、全面而综合的回应，设计概念的深化，需要学生改变思维定式和习性，觉知事物本源，建立一种新的联结事物的方式，这个阶段以如是观的思维方法培养为重点，将因果观与如是观紧密地结合起来，这个阶段通过城市设计理论的讲座，可以使学生清晰城市设计发展的脉络和当今关注的热点，通过发散思维建立传统理念与现实概念的新的连结契合点；方案完善阶段，主要内容是技术细部的完善和设计意象的表达，这些内容需要强调设计概念整体性的完善和表达，整体观是重点培养的思维方法，这个阶段通过建筑和生态等新技术的讲座，可以使学生在整体上梳理完善设计逻辑的基础上，增加设计细部设计，提高城市设计的整体完成度。

3 城市设计教学过程中的创意培养要点

3.1 设计准备阶段的因果观培养

设计准备阶段是指从发布任务选择地块开始，一直到对设计题目有了整体上的认识，针对现状问题，提出设计目标和相应的设计概念。设计准备阶段在整个创作过程中是至关重要的，它是设计构思阶段和方案完善阶段的基础和前提，资料收集充分与否，问题提出详尽与否，目标把握关键与否，概念生成特色与否，直接关系到设计构思的方向和成果的表达。

设计准备阶段的思维特征更多地表现为理性的一面，常常以程序性思维和以归纳、总结为主的逻辑性思维为主导。本阶段侧重于培养学生的因果观，理性分析用地现状格局形态、功能组成、空间结构、建筑特色、交通组织、社会人文、经济发展、生态环境等多方面现状，总结现状用地特点和成因，发现存在的问题和规律，通过相关案例的专题研究，揭示事物可能发展的规律和阶段特征，进而预测规划用地设计目标，提出城市设计概念。此阶段培养学生创意能力的关键是，教师引导学生充分理解事物产生的原因，而并非直接讲授事物未来发展的结果，因为因果推导的不同连结方式，正是设计概念提出的创新所在。

以一个港口区改造的学生城市设计作品为例，港口区现状是码头、船坞和仓库堆场，工业发展的时代背景，造就了与自然滨水岸线相冲突的用地形态，与城市功能组成的结构性分离；随着后工业时代城市的更新，需要探索工业厂区的再生策略，城市结构的相互融合，空间形态的自然回归。设计小组通过充分分析理解了港口旧区的产生原因，试图通过"流媒体"的概念来建立港口旧区与城市创意空间之间的联系，设计概念的提出自然而贴切，体现了对城市滨水旧区公共空间更新的创新概念，这样通过"流空间"建立了新的城

市滨水旧区港口和互联网信息技术衍生的创意空间之间新的因果关系，以"流"为事物发展的本源，推导出空间的流动、信息的流动、人员的流动和水体的流动等港区更新方式，设计概念的创新成为设计构思深化的源泉（图2）。

3.2 设计构思阶段的如是观培养

设计构思阶段是教学过程的主要阶段。构思阶段将对产业构成、交通组织、建筑布局、空间环境、标志设置、特色意向等几乎所有设计内容进行统筹考虑。这个阶段设计内容庞杂，在过程中要从宏观到微观，从总体到局部逐步深入，各个击破，方案要以整体把握为主，不能过分陷入细节而舍本逐末。设计方案的确定是个多方案比对的过程，一般情况下，方案确定将对设计概念进行修正和契合。

设计构思阶段是学生思维最活跃、创意思维最丰富、灵感火花不断闪现的阶段。在这个阶段，因果观与如是观既相互对立，又相互融合，推动创意不断地发展。需要学生改变思维定式和习性，发掘事物的本源，创意产生的关键是建立一种新的联结事物的方式。创新思维需要以自然界万事万物具有相关性为前提，通过建立不同事物之间新的连结关系，形成创新的思考方法和表达形式。构思阶段的教学以学生专业拓展思维训练为主导，教师通过城市设计理论和相关学科的知识讲座，帮助学生拓展知识体系和多角度分析问题本源的能力，建立不同事物之间新的连接，从而不断深化和升华设计概念，形成新的创意。

"水盾循源"是以城市新区中心区的传统村落更新为主题的学生作品，通过基地分析，发现城市新区的"原住村落"存在与城市功能脱节、阻断城市交通、阻断城市绿化等矛盾问题，设计目标是寻求一种新的模式，使传统村落成为城市发展的动力。设计小组建立了水盾循源的设计概念，通过解构传统村落面临的问题，建立事物之间新的连接方式；水是大自然的生命之源，解构的水元素"O""H"，经过重新组合，可以建立基地与城市、居住空间、城市功能新的组织模式；盾屋是当地传统的建筑形式，经过演变、提取，营造有机更新的建筑形态；循代表了循环的理念，包括产业循环、文化循环、能量循环、生态循环、渔业循环，通过循环建立传统产业、生活方式与当今发展的联系；源是强调源头的回归，对原住民的尊重、对传统文化的复兴、对本土特色的表达（图3）。在设计构思阶段中，厘清事物本源，建立与其他事物之间的新联系，是创意形成的重要手段；从总体布局、空间组织到形态生成，每个阶段的设计深化都是通过多方案的比对，不断地修正和深化设计概念，将设计概念逐步转化为构思方案（图4）。

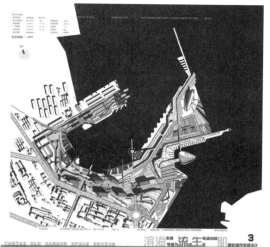

图 2 概念生成图

（作者：王鸣超 姜茁 指导教师：袁敬诚 关山）

图 3 概念深化图

（学生：汤航 王娜 指导教师：袁敬诚 张蕾蕾）

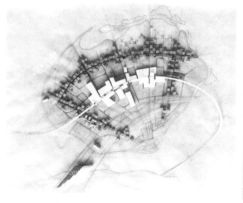
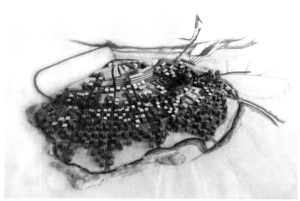

图 4 设计模型的推导过程

（学生：汤航 王娜 指导教师：袁敬诚 张蕾蕾）

3.3 方案完善阶段的整体观培养

方案完善阶段是教学过程的收官阶段。方案构思基本确定后，对空间节点、环境细部和技术问题做最后的调整，完善空间特色意象，以多种方式表现出来，成为最终的设计成果。在教学整个过程中，方案完善阶段是非常重要的。方案概念和构思需要通过最终的成果来体现，方案完善与否，成果表达优劣，将成为城市设计方案最重要的评价之一。

方案完善阶段中，创作中的理性和感性成分随着方案深化内容的改变而有所侧重。在技术完善的处理中，方案的可操作性受到很多法规、规范条例的制约，因而理性成分比较大，需要对方案构思的总体思路进行整体性延续和深化。在设计成果的表达过程中，创作思维的理性和感性则呈现出一种并行不悖的态势，城市设计所表现出的成果，既要富于真实性，满足于周边环境的地域性要求，又要富于表现性，表达出设计者的构思意图，反映出设计者所追求的设计意境。因此，在这个阶段侧重于培养学生的整体观，在技术完善层面，要把握设计构思的内部整体性联系，细部设计和节点深化都需要体现设计构思的一贯性；在方案表达层面，更需侧重城市设计构思的整体性提升，表现出设计构思所特有的整体意境。

以"基于渗析扩散理论的天津国际海员服务区更新设计"的设计作品为例，学生在面对滨水港口改造时，以物理渗析扩散现象的原理来描述滨水岸线的改造、交通流线组织和核心岛屿形成的空间形态特征，将城市更新过程与物理渗析过程之间建立新的连接，形成设计概念和构思，在设计完善和表达阶段，要不断深化设计概念的整体性，对设计节点的技术完善是以设计构思整体性为评价目标和标准，这个阶段的创意是带着整体性思维的创新（图5），不能以牺牲整体为代价，随意地创新设计概念与空间形态，需要设计者不断地审视设计创意的连贯性。方案的表达也应以体现方案整体形成过程为引导，体现滨水港区的设计概念、用地更新、空间组织、节点设计的构思连贯性和整体意境（图6）。

在城市设计教学的三个主要设计阶段中，虽然我们对学生创意能力的培养各有侧重，但需要明确的是，教学过程和思维过程一样，是一个整体而循环的过程，设计概念提出到设计构思的展开再到设计成果的完善，也要经过多轮次的反馈和调整，对创意能力中如是观、因果观、整体观的训练和理解也不是一蹴而就的，它们穿插在教学过程的整体流程之中，相互衔接、相互促进、相互反馈，需要全过程的综合性培养和运用。之所以在不同阶段有所侧重和强化，更多的是针对学习者的思维规律，易于在教学过程中有效操作而已。

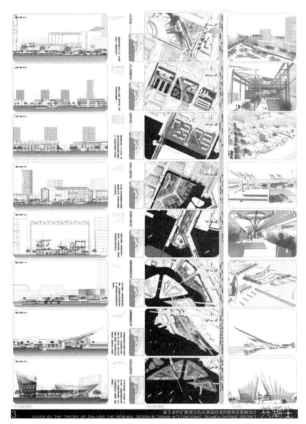

图5　设计完善图

（学生：郭佳鑫　于达　指导教师：袁敬诚）

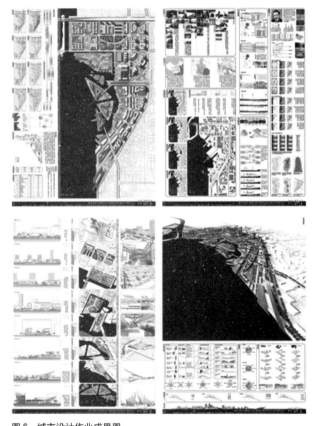

图6　城市设计作业成果图

（学生：郭佳鑫　于达　指导教师：袁敬诚　黄木梓）

4　创意源于看待城市方式的转变

在教学环节的创意产生过程中，我们发现，第一个关键是学生大脑中储存的"信息资料"，第二个关键是将信息适当地组合在一起的机制和方法。创意产生的精髓在于问题与"资料"之间的联结。学生需要将城市看成是自然界的有机组成部分，城市中的人、事、物具有内在的联系，这样就对事物之间的联系提供了新的可能。

"万象由心生"，创意产生的基础是大脑中储存的信息资源。我们需要强调，学生的日常观察与积累，是至关重要的，这既包括专业能力的积累，更需要综合知识结构框架的建立，所有这些积累和生活中的一切经验都将成为设计创意产生的基础材料。然而，城市设计创意的显现，需要我们的内省式表达，即人们看待世界、看待城市本源的方式；创意产生的过程，就是通过人们的觉知和认知能力，将内心深处的意象与外在事物和问题之间建立新联结的过程。正如赖声川所说，创意不是以我们日常的方式看待事物，必须有创新的勇气和能力，需要打破既有的判断事物的方式，才能找到新的表现方式和解答问题的能力。

参考文献：

[1] 张伶伶，李存东.建筑创作思维的过程与表达 [M].北京：中国建筑工业出版社,2001.6~55.

[2] Robert J.Sternberg, Todd I.Lubart. *Handbook of Creativity*. Cambridge: Cambridge University Press, 1999. 3.

[3] 赖声川. 赖声川的创意学 [M]. 桂林：广西师范大学出版社, 2011.56~56.
[4] 金广君. 图解城市设计 [M]. 哈尔滨：黑龙江科学技术出版社, 1999.84~86.

图片来源：

图1. 城市设计教学流程图　图片来源：作者自绘
图2. 概念生成图　图片来源：作者：王鸣超　姜茁　指导教师：袁敬诚　关山
图3. 概念深化图　图片来源：作者：汤航　王娜　指导教师：袁敬诚　张蔷蔷
图4. 设计模型的推导过程　图片来源：作者：汤航　王娜　指导教师：袁敬诚　张蔷蔷
图5. 设计完善图　图片来源：作者：郭佳鑫　于达　指导教师：袁敬诚　黄木梓
图6. 城市设计作业成果图　图片来源：作者：郭佳鑫　于达　指导教师：袁敬诚　黄木梓

作者：袁敬诚，沈阳建筑大学建筑与规划学院，教授；
关山，沈阳建筑大学建筑与规划学院，讲师；
黄木梓，沈阳建筑大学建筑与规划学院，讲师；
张蔷蔷，沈阳建筑大学建筑与规划学院，讲师

城市设计研究与教学

ARCHITECTURAL EDUCATION AND TEACHING

面向未来的城市设计竞赛教学研究

苏勇

Research on future oriented Urban Design Competition Teaching

■摘要：针对全球化时代城市设计定位从规划辅助工具到城市发展战略的转型，中央美术学院建筑学院尝试在建筑学和城市设计专业三年级设计课程中引入城市设计竞赛课程，希望以竞赛的选题多元化、教学方法综合化、教学成果过程化等方法来摸索城市设计教学的新途径。
■关键词：城市设计定位转型　选题多元化　教学方法综合化　教学成果过程化
Abstract：In view of the transformation of urban design orientation from planning aids to urban development strategy in the era of globalization, the Architectural College of the Central Academy of Fine Arts has tried to introduce urban design competition courses into the third—year design courses of architecture and urban design majors, hoping to Explore new ways of urban design teaching by using other methods such as diversification of topic selection、Integration of teaching methods and Process of teaching achievement.
Key words：the positioning transformation of urban design；diversification of topic selection；Integration of teaching methods；Process of teaching achievement

1　面向未来的城市设计学科再定位——从规划辅助工具到城市发展战略

　　长期以来，城市设计一直被视为一种在现有的城乡规划控制体系中运行的规划辅助工具，贯穿于从城市总体规划到控制性详细规划的全过程中。然而，近40年的快速城市化，千城一面的同质化现实，使我们认识到现有的规划控制体系已经难以适应全球化时代城市发展的需要——既要适应全球分工，又要不断向高端价值链攀升，而城市设计因为其在城市功能调整、城市公共空间优化以及城市形象塑造上的独特优势，有机会完善甚至超越现有以控制性规划为核心的规划体系。

　　面向未来的城市设计，不能是仅仅从自身现实问题角度出发思考的城市设计，而应该是能够适应全球化竞争这一背景下中国城市转型需要的新型城市设计，是将城市中的所有要素创造性地整合起来的新型创意平台，而非传统意义上查漏补缺式的"规划辅助工具"。它是全球化时代发展中国家抵抗同质化景观和低端城市定位的有力武器，也是创造差异化景观和实现城市向高端城市定位跃升的有效工具，在全球化的价值金字塔和价值链传导游戏中，城市设计，也将是一种城市价值重塑和城市话语权博弈的演化过程。

例如，在中国最具活力同时参与全球化最深的科技创新城市——深圳，已要求重要的城市战略性地段必须进行城市设计，这使得城市设计已经成为深圳市政府对该地区进行宏观定位和吸引全球资源决策的重要依据之一。这充分说明了城市设计的定位转变——它突破传统意义上的规划控制手段而实际上已经转化为一种典型的城市发展战略，它注定是一个引领全球化时代城市未来发展的战略手段，而非仅仅是只关注目前现实问题的规划辅助工具。[1]

面向未来的城市设计角色和定位转变了，那么我们的城市设计教学也应该相应转变才能适应时代发展对创新人才培养的需要。为此，中央美术学院建筑学院首先尝试在建筑学和城市设计专业三年级设计课程中引入了城市设计竞赛课程，希望以竞赛的选题多元化、教学方法综合化、教学成果过程化等特色来摸索城市设计教学的新途径。

2 城市设计竞赛选题的多元化——从重现实到重未来

传统的城市设计教学中，学生的设计选题往往更多集中于城市面临的现实问题，例如城市旧城区的更新、公共空间的优化、新城区城市形象的塑造、城市绿地系统的提升等。这些问题往往是学生平时接触较多，比较容易掌握和入手的，对于训练学生掌握基本的城市设计方法，培养理性思维无疑是有效的，但现实的问题也往往会带来许多套路化的解决思路，形成主题和形态雷同的方案，反过来又禁锢了学生创造性思维的培养。而"城市设计作为一个融贯学科，重视专业间的交叉，其实践越来越强调综合性。与此相对应，其教学也应该体现一定的交叉与综合性特点"。[2]因此，我们在城市设计竞赛课的选题中尽可能选择一些同学们并不擅长的生态、气候、环境、农业、科技、基础设施等问题，鼓励学生运用创造性思维解决城市未来可能面临的问题。

同时，为拓展同学们的知识视野，我们在竞赛课程的前期研究中，也会邀请相关领域的专家对相关问题进行专题讲座，形成了一套专门的调研与图示方法，并且教师不断地引导学生从不同专题来提炼主题与生成形态，因此，最后的成果呈现为与一个或几个不同专题问题密切相关的，多样化的主题和形态。

例如，以 2009 年城市设计竞赛的选题——"公共客厅"为例，该选题是要求学生针对信息时代日益出现的人—机交流膨胀而人—人交流萎缩这一趋势而提出相应的城市设计应对策略。这个选题要求同学们自由选择新建建筑、旧建筑改造、城市外部空间三种设计类型中的 1 种展开设计，这种对未来以及场地的不确定性，激发了同学们突破现实的束缚去思考过去、现在和将来的城市空间，是什么在变并影响我们？又是什么未变依然影响我们？有的同学结合城市日益高层化的未来，提出立体城市概念，将街道、广场、公园、绿地延伸到空中（图 1）；有的同学则通过在现有公共空间中创造各种不同特色、不同尺度以及不同的围合方式的有趣交往空间，希望将各种人群从虚拟世界拉回到面对面交往的传统模式（图 2）；有的同学则希望建立完全独立于汽车系统的全城线性空中交流系统（图 3）。

2011 年城市设计竞赛的选题——城市立体农场，则是针对 2050 年，世界人口将达到 92 亿人，其中 71% 将居住在城市地区。随之而来的问题将是如何在农业用地资源日益紧缺的情况下维持城市日益增长的巨大粮食需求？这个选题要求同学们将农产品、牲畜养殖等农业环节放入到可模拟农作物生长环境的城市空间或建筑物中，并通过能源加工处理系统，实现城市粮食与能源的自给自足。这种将农业与城市空间、建筑相结合的题目，促使同学们去跨界关注原本陌生的农业，并主动思考未来城市与乡村、建筑与自然如何携手共进的问题。

有的同学通过挖掘现有城市中被人遗忘的消极公共空间，并在其中植入现代农场的方式实现城市与农场的结合(图 4)；有的同学则通过城市有机更新，将过去的工业区转换为立体农业工厂（图 5）。

2012 年城市设计竞赛的选题——"交叉与共融"，则是针对工业社会分工导致的城市、建筑、景观相互脱节的环境问题，提出寻找人居环境中的交叉，体现交叉中的共融。要求城市和景观的密切结合创造出一个新的更具弹性和适应性的城市形态和空间。这种将城市、景观、建筑相互交叉与共融的题目，促使同学们从整体角度去思考城市、建筑和景观设计。有的同学从中国大城市目前普遍存在的城市内涝这一城市规划问题入手，创造性地提出在城市绿地中建设集雨水收集、储存、循环利用、城市标志景观为一体的水泡型的景观设施，从而实现了景观与城市规划以及景观与建筑的良好融合（图 6）。

2017 年城市设计竞赛的选题——义龙未来城市设计，则是针对全球城市化加速发展所带来大气污染、水资源短缺、交通拥堵、治安恶化、千城一面等城市病，希望探索一种新的适应未来发展的城市发展模式。有的同学通过对城市设计的过程进行反思，希望建立一种以点控线、线控面的弹性动态规划模式，以应对城市发展的未知问题（图7）。

3 城市设计竞赛教学方法的综合化——从重单一到重交叉

目前我国已通过专业学科评估的主流建筑规划学院，一般在城乡规划系与建筑系高年级都设置了城市设计课程，两者因学科研究的重点和研究对象的角度不同而在教学方法上各有长短。例如，对于城乡规划背景的学生而言，教学方法往往更多侧重从宏观的角度去研究城市问题，强调从上位规划出发，进行土地利用规划、城市空间布局和城市形象塑造，其重点在二维层面对城市资源进行有效地利用和分配；而对于建筑学背景的学生而言，教学方法往往更多从微观的角度研究城市问题，强调从局部空间优化出发，重点在三维层面对城市功能、城市形态、城市公共空间、城市交通和城市建筑等进行设计。由于目前国内

各院系之间设计课程跨学科的相互开放较少，使得这两种主流的城市设计教育方法之间缺乏密切的联系，学生们局限于所学的知识，在成果上也很难有所突破。因此，如何构建一套规划和建筑一体化的综合城市设计教学方法就成为我们城市设计竞赛课程探索的方向。

首先，考虑到城市设计竞赛选题的多元性，我们在教师团队的组成上就强调了综合化。教学采用多专业合作教授课程的做法，让规划、建筑、景观以及与竞赛主题相关专业的老师一起参与课程的选题、指导和联合评图。同时，课程的前期、中期和终期评图三个重要教学节点还会邀请具有经验的实践设计师担任客座教师，通过举办讲座、参与点评让学生可以广泛听取意见，接触到城市设计的实际工程经验。

其次，在城市设计竞赛的团队组合上我们也强调了综合化，每个竞赛小组都要打破专业的限制，同时包含规划、建筑、景观的学生，形成综合团队。

图1 空中公共客厅

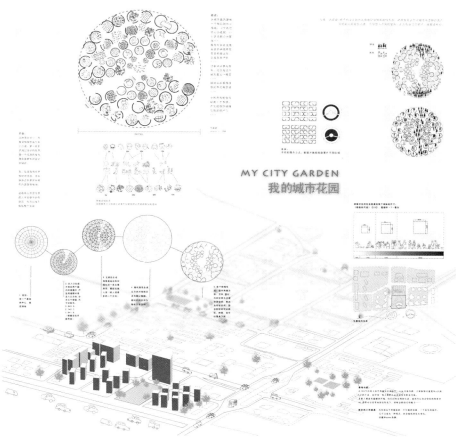

图 2 绿色细胞公共客厅

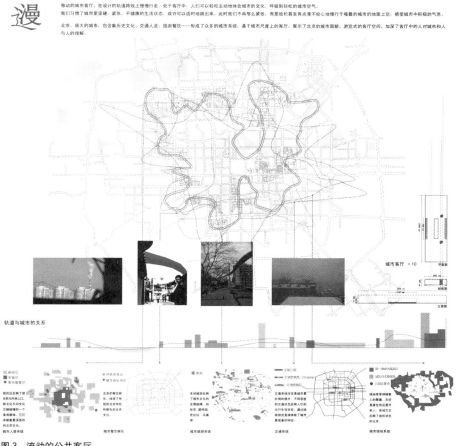

图 3 流动的公共客厅

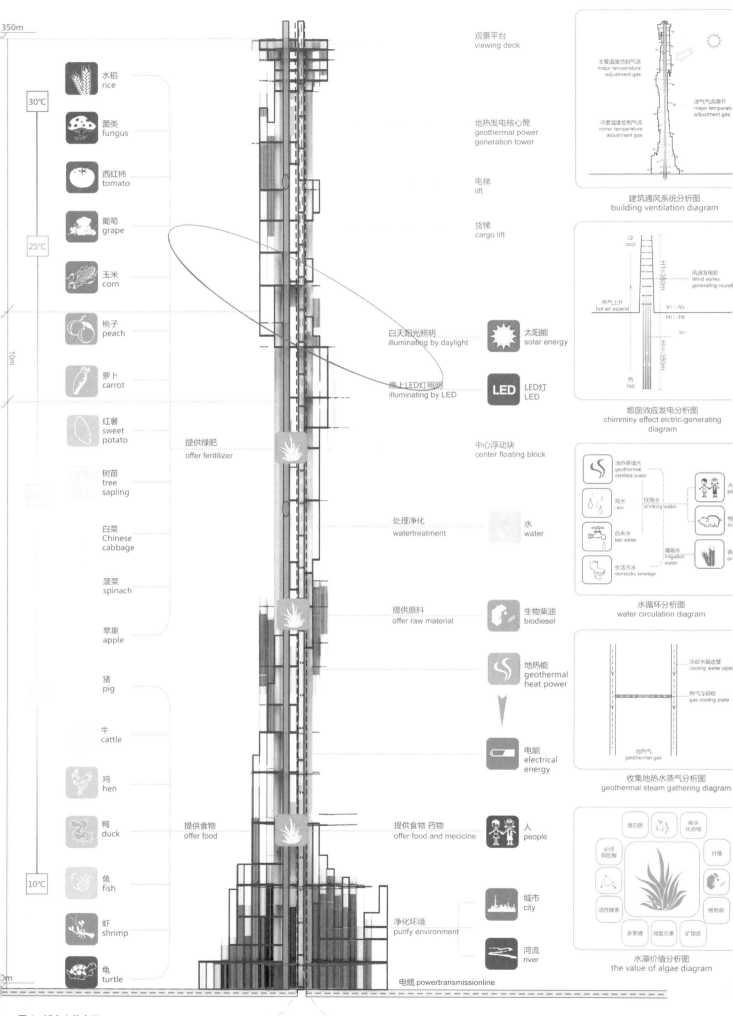

图 4　城市立体农场

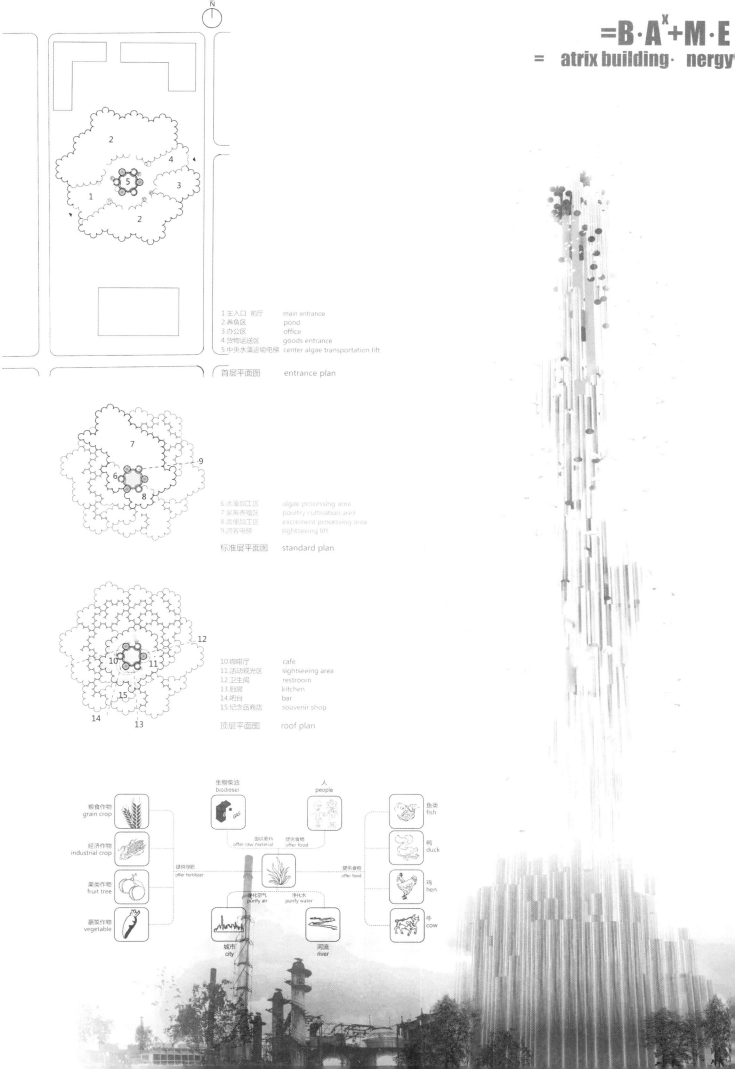

1 主入口 前厅 　　main entrance
2.养鱼区 　　　　pond
3.办公区 　　　　office
4.货物运送区 　　goods entrance
5.中央水藻运输电梯 center algae transportation lift

首层平面图 　　entrance plan

6.水藻加工区 　　algae processing area
7.家禽养殖区 　　poultry cultivation area
8.粪便加工区 　　excrement processing area
9.游客电梯 　　　sightseeing lift

标准层平面图 　standard plan

10.咖啡厅 　　　cafe
11.活动观光区 　sightseeing area
12.卫生间 　　　restroom
13.厨房 　　　　kitchen
14.吧台 　　　　bar
15.纪念品商店 　souvenir shop

顶层平面图 　　roof plan

生物柴油
biodiesel

人
people

粮食作物
grain crop

经济作物
industrial crop

果类作物
fruit tree

蔬菜作物
vegetable

鱼类
fish

鸭
duck

鸡
hen

牛
cow

提供原料
offer raw material

提供食物
offer food

提供绿肥
offer fertilizer

提供食物
offer food

净化空气
purify air

净化水
purify water

城市
city

河流
river

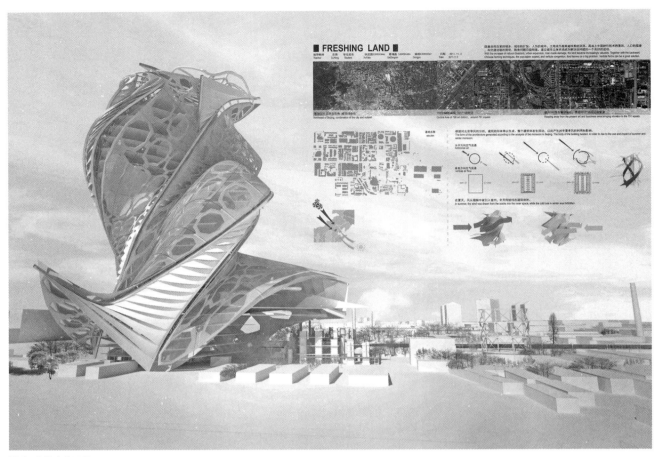

图 5　立体农业工厂

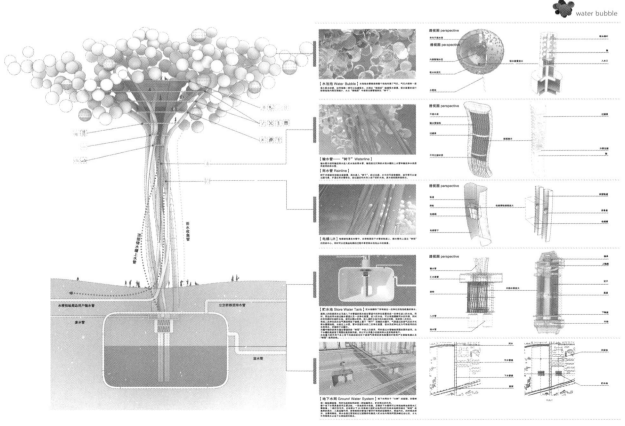

图 6　城市景观水泡

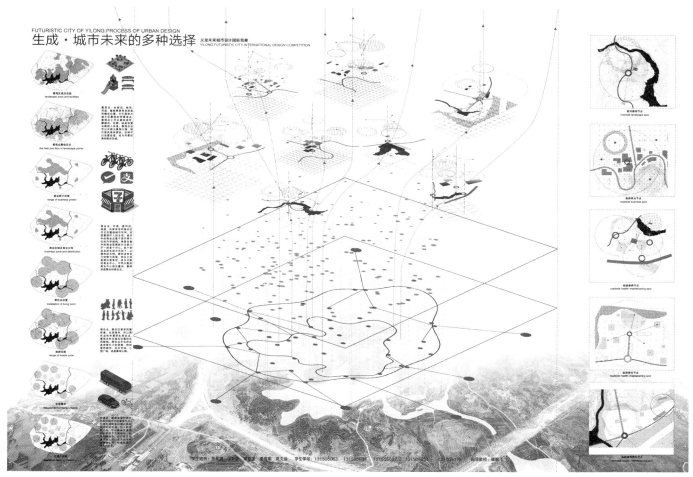

图7　生成的城市

再次，在具体的设计工作组织上我们也要求三个专业的同学以小组的形式共同行动，避免各自独立工作，始终一起完成前期的调研分析，中期的讨论创作以及最终的成果汇报。

最后，在教学的具体方法上我们借鉴MIT城市设计教学中的流水线创作法（Rotation Method），形成了自身的网状交叉设计方法，该方法要求在设计进行时让同一小组不同专业的同学共同围坐在一个大桌子前，通过学生按顺序换座位，或大草图纸的依次流转，让每个学生在设计图纸上添上自己有关规划策略和方案构思的想法，形成一种各专业交叉进行共同创作的局面。在规划后期，还可以把主要的构想、办法、提案呈交给每个学生（或小组），进行交叉轮换的分析评价，并把讨论内容记录在大白板上，进行整理总结。这种群策群力的办法可以很好地激发学生的想象力、换位思考能力，并不时获得一些意料之外又情理之中的设计灵感（图8）。[3]

从教师团队的综合到学生设计团队的综合，从实际工作组织模式的综合到设计方法的综合，构建起从单一到交叉的综合性城市设计竞赛教学方法，它打破了规划、建筑、景观等各系之间无形的屏障，整合了从宏观到微观的设计方法，达到了相互开放、资源优势互补的教学效果。（图9）

4　城市设计竞赛教学成果的过程化——从重结果到重过程

C.亚历山大在《城市设计新理论》一书中强调了一种整体性的创建，它指出"每一个城镇

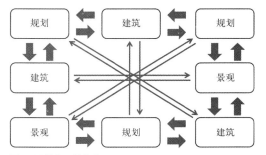

图8　网状交叉创作法

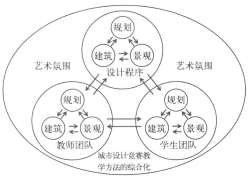

图9　城市设计竞赛教学方法的综合化

都是按照自身的整体法则发展起来的"，而"创建城市整体性的任务只能作为一个过程来处理，它不能单独靠设计来解决。而只有当城市成形的过程发生根本性变化时，整体性的问题才能得以解决"。显然，"最重要的是过程创造整体性，而不仅仅在于形式。如果我们创造出一个适宜的过程，就有希望再次出现具有整体感的城市"。[4] 这提示我们当城市设计从蓝图控制转换为过程控制时，整体性才能真正出现，相应的城市设计教学也应该从重视结果转向重视过程。

然而，目前我国主流建筑规划院校的传统城市设计课程一般多为 10 周 80 课时，主要包括前期研究、方案设计、成果制作三个阶段，其中前期调研一般为 2~3 周，完成后就进入 3~7 周的方案设计阶段，最后的 9~10 周为成果制作阶段。从课时量的安排看，不难发现存在着重方案设计和成果制作，而轻前期研究的问题，同时在教学时间上也存在前期研究和后期设计截然分开的问题，这些问题的存在经常导致学生的前期研究成果与后期方案主题、规划形态脱节的问题。

针对这种前后脱节现象以及设计竞赛更强调构思和创意而非制图的实际情况，我们在设计竞赛课程组织中安排了研究与设计并重，过程与成果并重的教学计划：首先，增加了前期调研的课时（从占 1/5 课时上升到 1/3 课时）和调研深度，强调要从理论研究逐步导向物质形态，培养学生从调研成果提炼出设计主题，再逐步生成形态的研究性设计能力。

其次，强调前期研究和后期设计可以交叉进行，当设计遇到瓶颈时，可以穿插补充调查前期研究不足的内容，这种基于整体原则的研究与设计交互进行设计方法在程序上更接近真实城市设计的过程性特征。

最后，我们教学计划与任务要求都力求具体细致，例如将教学任务细分为城市分析、基地调研、发展目标、规划策略、设计原则、总图设计、规划分析、节点设计等多个阶段，每个阶段落实到每周每课。每个阶段任务都有单独的成果要求，学生都需要在密集的评图中展示自己的阶段成果，再通过教师和专家的点评修正前一阶段的成果，并引导下一阶段的发展方向。这种过程与结果并重的教学组织，让每位学生在各个阶段都不

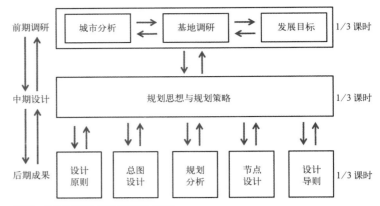

图 10　城市设计竞赛教学成果的过程化

可能放松，始终在不断修正中向着最优的目标有效推进。(图 10)

5 结语

随着全球化、信息化、生态化时代的来临，以及我国城市化进程从过去增量发展进入存量优化阶段，城市面临更多的更复杂的挑战。除了我们正在面对的环境恶化、交通拥堵、城市特色缺失等现实问题，未来的城市群建设、城乡一体化、智能城市等问题都需要我们以面向未来的姿态以更开放的形式改革和加强城市设计的教学工作。中央美术学院建筑学与城市设计专业三年级城市设计竞赛教学所提供的从选题的多元化到教学方法的综合化，再到教学成果的过程化的教学模式探索正是向这一方向迈出的勇敢一步。

我们相信这种建立在科学的研究框架及系统性解析思路的指导下，通过全面综合的考察研究，并通过多阶段教学节点规范要求，逐步引导学生从调研结果推导出方案理念与形态的教学方法将使得学生在面对未来更加复杂的城市问题时，都能从容应对，积极解决，实现创新。

参考文献：

[1] 张宇星．面向未来的城市设计 [J]．城市环境设计，2016(04)．

[2] 林姚宇，王丹，吴昌广．基于环境气候健康思考的城市设计教学与实践 [J]．城市建筑，2014(05)．

[3] 梁江，王乐．欧美城市设计教学的启示 [J]．高等建筑教育，2009(01)．

[4] C. 亚历山大．城市设计新理论 [M]．陈治业，童丽萍译，知识产权出版社，2002。

作者：苏勇，中央美术学院建筑学院副教授，硕士生导师

建筑学教学中设计竞赛的组织方式与保障机制研究

周曦　张芳

Research on the Organization and Guarantee Mechanism of Design Competition in Undergraduate Teaching of Architecture

■摘要：高水平设计竞赛对本科教学具有良好的促进作用，是建筑学本科教学中应当重视的一个方面。本文研究综合分析了近年来各类高水平竞赛，总结了适宜于本科生的类型。围绕课、师、生关系从三个方面展开了设计竞赛的组织方式研究，根据竞赛与课程关系、教师辅导形式、参赛学生选拔与调配的特点灵活多样地组织竞赛。除此之外，院系的保障机制必不可少。应平时利用多种事件广泛动员学生参赛；辅导教师团队常态化；还需要建立师生的激励机制。充分促进师生广泛而积极地参与到高水平设计竞赛中，反哺于设计课程的建设。

■关键词：建筑学　设计竞赛　辅导　组织方式　保障机制

Abstract: High level design competition has play a large role in promoting undergraduate teaching. It is an important aspect in undergraduate teaching of architecture. The research synthetically analyzes various kinds of high—level competitions in recent years and summarizes the types suitable for undergraduate students. According to the three aspects in organization of design competition, i.e. the course, the teacher and the student relationship, it calls for flexible and diverse forms of organization. Thus, the relationship between the competition and the curriculum, teacher guidance form, and the selection and deployment of the students can enjoy a more flexible way of organizing. On the other hand, the paper pointed that the guarantee mechanism of the department is essential. Firstly, opportunities should be used to encourage students to participate in competitions. Secondly, the team of tutoring teachers should be stabilized on a regular basis. Finally, it is also necessary to establish incentive mechanism for teachers and students. In a word, it is of great significance to promote teachers and students to participate in high—level design competition, and feed back to the construction of design course.

Key words: Architecture; Design Competition; Teaching Guidance; Organization Form; Guarantee Mechanism

近年来，面向建筑学在读学生的设计竞赛逐渐增多。很多竞赛主题紧扣时代发展主题，关注社会焦点，种类丰富，层次齐全，对学生的思维启发、设计技能的提高有较大帮助。

一、各类设计竞赛的特点与分析

（一）设计竞赛对教学的促进作用

1. 拔高作用

日常教学设计任务要照顾到全体学生的平均水平，任务书制定的相对固化。目前众多设计竞赛着重于研讨社会、人文、历史等方面的深刻问题，设计内容自由，图面表达限制少，适合高水平学生的发挥。

2. 示范作用

参赛作品的质量常高于平时设计作业，可以作为教学示范。对学生的设计构思启发、图纸绘制深度、版面排版方式、计算机建模渲染等方面有着深刻的影响。

3. 交流作用

近几年来设计竞赛往往由知名建筑院系承办，常伴随学术会议召开评审、颁奖及观摩等活动，借此机会师生之间相互交流走动。如建筑教育国际学术研讨会组织的全国高等学校建筑设计优秀教案和教学成果评选展览已成为各院系之间观摩教案的一个窗口，有着很大的影响力。

（二）各类设计竞赛信息分析

如今设计竞赛的数量大，主题内容多样，根据竞赛的组织方等级、竞赛的影响力、竞赛的连续性，研究遴选了近年来若干设计竞赛信息汇总表（表1）。以往设计竞赛大概可以归纳为以下几类：

1. 以平时课程教案与作业为竞赛考察内容

主要有全国高等学校建筑设计优秀教案和教学成果评选、中国建筑新人赛、中国建筑院校境外交流学生优秀作业展等。设计内容均根据各院校的设计课程而定。这类竞赛主要考察各院系的教学内容和水平，教案、教师占据主导因素。

2. 竞赛主旨固定，给定相对具体的设计内容

如谷雨杯全国大学生可持续建筑设计竞赛（原 Autodesk Revit 杯）长期定位于生态与数字技术。设计内容相对具体，而且要求采用 Revit 计算机软件建模。这类竞赛连续性好，内容具体，适宜与教案结合或直接作为教案。

近五年部分设计竞赛信息汇总　　　　　　　　　　　　　　　　　　　　表1

竞赛类型	年份					竞赛内容
	2018	2017	2016	2015	2014	
专指委竞赛、新人赛	设计课程	设计课程	设计课程	设计课程	设计课程	
霍普杯国际大学生建筑设计竞赛	城市共生：定制化社区模块	改变与重塑（夺回）	概念与标示	演变／多样统一性中的地域、传统与现代	出乎意料的城市	竞赛主题
	一、二线城市选择一块城市中心区	自选	场地 60m×30m×30m 以内自选	自选	自选	基地
	约1000个小单元的共生集群	自选	图书馆、博物馆、诊所、爱情酒店和墓地五选一	自选	住宅、邻里、环境等	建筑功能
	自定	自定	体积 60m×30m×30m 以内	自定	自定	面积控制
谷雨杯全国大学生可持续建筑设计竞赛(原Autodesk Revit杯)	数字时代下的居住综合体	乡村客厅设计	人与自然——候鸟之家	数字时代的旧城更新	数字教育建筑	竞赛主题
	新建或改建自选	实际乡村中自选	盘锦红海滩湿地公园内给定基地	自选	给定 15000m²	基地
	居住综合体	给定的农旅共用综合建筑	候鸟之家建筑物	老人、儿童、外来民工之一。	北京某大学建筑系馆	建筑功能
	新建 3000~5000m²，改建 1500~2500m² 室内	≤ 750m²	≤ 3000m²	≤ 3000m²	10000~12000m²	面积控制
天作奖国际大学生建筑设计竞赛	唤醒"彼处"的建筑	唤醒感知的场所	绘画与建筑	自在的边缘	社区微中心和它们构成的城市网络	竞赛主题
	自选	≤ 1000m²	自定	故乡中一段 ≥ 150m 的空间	自选	基地
	自选	自选	画转译为建筑	自选	社区公益性空间	建筑功能
	≤ 1000m²	自定	≤ 1500m²	自定	100m²	面积控制

（表中信息来自于网络）

3．概念性竞赛

这类竞赛目前分布广泛。主题常从社会、文化、历史等问题出发，给出一个发散性的设计内容。如霍普杯国际大学生建筑设计竞赛、天作奖国际大学生建筑设计竞赛等，设计的基地、功能、规模比较自由，强调创新性和思辨的能力，适宜于优秀学生的发挥与竞争。但是普通水平的学生往往感到无所适从，不适宜学生大面积参赛。

二、设计竞赛参赛的组织方式

从教学层面上考量设计竞赛的组织方式是对教学和竞赛成果产生直接影响的重要环节，从设计竞赛与课程、教师、学生三个关键要素入手，细分出多种子项，建立子项之间的联系形成多种组织方式，具体如下：

设计竞赛参赛的组织系统与组合方式　　　　　　　　表2

总项	子项	组织方式					
		1	2	3	4	5	6
设计竞赛与设计课程	竞赛作为设计课程	1	2				
	设计课延伸参赛			3	4		
	设计课余组织参赛					5	6
教师辅导形式	作为课程作业辅导	1		3			
	教学小组集体辅导				4	5	
	单独分散辅导						6
学生选拔与调配	选拔优秀方案	1		3			
	调配优秀学生组队参赛		2		4	5	
	自发组织参赛						6

（一）设计竞赛与设计课程的衔接关系

本科生设计类课程占有很高的学分、学时比例，因此学生参与设计竞赛应围绕设计课程开展较为合适。具体分为几种形式：

1．竞赛作为设计课程。这种方式时间上有保障，能保证学生投入精力，避免增加学生课余负担。但是，也存在着竞赛时间与课程起止时间冲突的问题。如我院二年级以上设计课程多为8~9周，某些竞赛时间或太短不足8周，或太长起止时间横跨2个设计任务，都不适宜列为课程。另外，还需要设计竞赛内容符合设定的教学大纲：某些设计竞赛内容比较发散性，主题不明确，设计内容过于模糊，不适合程度一般的学生操作。如我系长期参加谷雨杯（原revit杯）全国大学生可持续设计竞赛主要是赛程时间、主题内容、设计要求均符合三年级第三个设计课程。

2．设计课延伸参加竞赛。这类竞赛主要是教案及优秀作业类竞赛，不设定专门的设计内容，而以各高校平时教案或作业选拔参赛，如久负盛名的"全国高校建筑设计教案和教学成果评选"等。参加这种竞赛一般各高校往往在平时教案和作业的基础上再次凝练和提高，需要课外付出更多的时间精力。

3．设计课余组织参加。在设计竞赛无法与设计课程匹配时，只有利用课余时间额外增加设计参赛，大多数竞赛参加方式都属于此类。学生需要在繁重的学业外额外抽出时间参赛，教师需要付出授课外时间辅导。这对学生的精力、教师的意愿都是很大的考验。从长期竞赛辅导实践来看，完全自发的参赛行为成效较差，有制度保障的课余参赛可以大幅提高成果水平。

（二）教师辅导形式

由于本科生设计能力较弱，设计经验欠缺，设计竞赛中教师的辅导起到举足轻重的作用。教师辅导首先必须保障充足的时间，可以分为以下几种形式：

1．利用课程内时间作为课程作业辅导。这种形式只适合将竞赛直接作为设计内容的课程，授课时间易于保证，师生间相互熟知，减少了沟通成本。因为全年级各教学小组教师均需参加辅导，这要求年级教师需具备一定的竞赛辅导经验，知识构架较为接近且新颖，对年级教师组的构成要求较高。

2．课余教学小组集体辅导。系内或者年级组内特别组成对应的辅导教学小组，课余另设时间对参加某项竞赛的学生集中辅导。这种形式类似于课外"加课"。集中若干教师集体辅导有利于集思广益，让学生得到更全面的指导意见。但是，不适合参加组过多的情况。

3．课余分散辅导。这种形式更为灵活，学生可以根据个人参赛要求寻求教师或教师组课外时间单独辅导，适应于多种参赛形式。但是，受教师个人的积极性、辅导设计能力、发挥水平的影响很大，成果质量波动较大。

以上三种形式是可以相互结合的，如竞赛课程内教师分组指导，经过选拔后优秀组教学小组集中辅导，个别问题学生还可以直接请教具体的指导教师。

（三）学生选拔与调配

设计竞赛的要求相比日常课程设计高很多，竞争也激烈很多。除教师辅导因素外，参加学生的选拔与调配起到决定性作用，目前教学实践中适宜的方式有以下几种：

1. 在参赛学生中选拔优秀方案。这种选拔形式覆盖全面，学生层面上公平性好。在多组发散性构思中选拔优秀设计构思加以深化，易于出成果。还可以根据设计能力、计算机软件能力、表现能力、组织能力等方面调配优秀学生形成组合，进一步扩大优势。但是，这种"海选"的形式要求师生投入的时间和精力巨大，适宜于将竞赛直接作为设计内容的课程，如往年专业指导委员会组织的教案和优秀作业竞赛等。

2. 有组织地调配部分优秀学生组队参赛。根据以往参赛学生获奖数据统计，多都集中在设计成绩前 20% 范围内。为提高参赛的运行效率，可选拔设计能力优秀的学生群分组参赛。这种选拔调配方式在学生端强强组合，提高了出成果的概率，教师端减少了投入成本。如 2015 年我系选拔 12 位学生组成 6 组参加 revit 杯设计竞赛，其中 3 组获奖，50% 的获奖概率远高于 7% 左右的大赛获奖概率。但是，这种形式在学生层面上公平性差，不宜普遍采用，适宜于寒暑假组织的竞赛辅导，避免对正常教学组织的干扰。

3. 自发组织参赛。这种形式在各院校中更为普遍，时间和人员组成上较为灵活，学生可根据自己的意愿组队和选择辅导教师，教师可根据自己的时间精力组织辅导形式和时间，组织形式民主公平。但是，这种组织形式较为松散，双方都存在不确定性导致参赛设计成果水平的波动性很大。对师生投入的时间精力约束较差，常出现大面积退赛情况。

三、设计竞赛参赛的保障机制

当前各类知名设计竞赛竞争日趋激烈，获奖难度直线上升。如 2017 年 UIA- 霍普杯竞赛，投稿作品来自 30 多个国家和地区共计 3000 余组，仅 76 组作品获奖，获奖率约 2.5%。仅靠学生和教师的自发能力组织竞赛是远远不够的，在院系层面上必须要投入相应的资源，为竞赛参赛与辅导提供充足的保障。

（一）学生参与竞赛的动员机制

学生方面的竞赛动员需要长期机制，发挥学生的主观能动性。切不可竞赛前短时间内通过指标摊派、命令式地完成参赛动员。

1. 利用获奖案例的宣传动员学生参赛。可利用前期参加的一些竞赛积累的成果适时地宣传，如课堂宣讲、橱窗展示，对后期学生参赛产生潜移默化的影响。

2. 利用学生组织动员参赛，如党员团员组织、学生干部、学刊会社等，再如教学小组长、优秀学生等。这些学生的能力、积极性均优于普通学生，动员的成效好。对于一些重大竞赛项目、首次参加竞赛项目可从这些组织中动员学生参赛，能达到水到渠成的成效。

3. 组织学生参观竞赛展览、参加学术会议。我院在 2016 年组织了 2 场竞赛作品展览，在师生中产生了很好的反响。此外，还组织学生参加了历届"谷雨杯"的展览和学术会议。

（二）辅导师资的常态化机制

以往单凭借教师个人的经验、兴趣、能力辅导的机制日渐不能适应形势发展需要，更需要从院系层面上统筹调配，将竞赛辅导这项课外工作常态化营运。

1. 将竞赛辅导落实到年级教学组。在日常教学的基础上适当增加辅导可以满足要求，工作效率较高。师生从作业开始相互了解，学生能得到一贯的设计理念指导。

2. 制定优秀学生的课外辅导机制。优秀学生能力强、精力充沛，个人也希望突破常规的教学框架寻求更高水平的锻炼。如我院从 2017 年起组建"一生一师"的优秀学生的课外辅导机制，实行教师一对一课外辅导。

3. 形成对应的竞赛辅导团队。对于一些经常参加的设计竞赛，可组建相应的竞赛辅导团队。教师组对竞赛的侧重点很熟悉，能达到事半功倍的成效。

常态化机制不等于辅导师资小团队化、固定化。需要鼓励全院系教师参与到这项工作中，避免竞赛辅导任务始终落在固定的某些教师身上，产生兴趣减弱、思维固化，创新性下降的负面影响。各项团队师资队伍要保持一定的轮换和流动性，从而避免工作疲态。

（三）参与师生的激励机制

除了宣传动员和组织机制外，相关的师生激励机制必不可少。

1. 学生方面可将竞赛获奖与校内评定挂钩，如年度奖学金评定、优秀学生评定等。对有意向出国留学和考研的本科生，可讲解竞赛获奖在外国院校申请、国内考研中的优势。对具有保研资格的院系，获奖学生在保研中可优先录用。

2. 教师方面的激励机制除个人荣誉外，还需要从课时、奖金、职称等方面多管齐下。每年度院系应制定参赛目录、学生组数量、课外辅导时间的预案，对辅导教师的工作量予以适当的课时补贴，在年终考核中可根据获奖情况予以奖金激励。我院系在绩效工资中，按竞赛等级（国际、国家级、省部级、其他）、获奖等级（特等／一等奖、二等奖、三等奖、佳作／鼓励奖）明确规定工资绩点。另外在职称评审中，尤其是晋升副教授级岗位中可以引入辅导设计竞赛获奖的要求，督促青年教师投入竞赛辅导团队中。

四、结语

建筑学本科教学围绕设计课程展开，而高水平设计竞赛是反映学生设计水平的集中体现，是建筑学本科教学中应当值得重视的一个方面。面向本科生的高水平设计竞赛对本科教学具有良好的促进作用。本文的研究综合分析了近五年来适宜于本科生的各类高水平竞赛信息，从竞赛的主题、基地、设计内容多个方面综合比较了各项赛事。随即围绕设计课程、师生关系展开了设计竞赛的组织方式研究：首先，设计竞赛与课程的关系相互依托，根据竞赛的类型可将竞赛直接作为设计课程，也可以将课程延伸作为竞赛，课后辅导更为常见；其次，教师辅导分为在课上指导、课余小组集体指导和课余分散指导；最后，参加竞赛的学生需要有组织的调配，或广泛参赛优中选优，或预先选拔优秀学生组队参赛，自发参赛也是应当保留的形式。此外，院系的长期保障机制必不可少。应平时广泛宣传，多参加参观赛事活动，并发挥先进学生团队的开拓作用；辅导教师团队应有组织化、常态化，可与日常年级教学结合，也可建设专门的学生团队和教师团队；必要的激励机制可以维持师生参加竞赛的可持续发展，特别是教师竞赛辅导不能仅依靠个人荣誉激励，还需要与课时、奖金、职称等方面挂钩，充分促进师生广泛地、主动地、积极地参与到高水平的设计竞赛中。

参考文献：

[1] 龙灏.设计竞赛的价值 2013 "霍普杯" 国际大学生建筑设计竞赛杂感 [J]. 城市环境设计，2013 (12)：88-89.

[2] 盖燕茹.设计竞赛与工程实践对建筑学专业设计课的影响——以建筑学四年级专业设计课为例 [J]. 工程建设与设计，2018(04)：21-24.

[3] 郭兴华，陈谦，毕晓莉.设计课程与设计竞赛结合实践研究 [Z]. 2011 全国高等学校城市规划专业指导委员会年会论文集，2011，389-392.

[4] 刘萌旭，穆琳琳，齐阳.建筑设计竞赛反哺设计课程教学 [J]. 城市建设理论研究（电子版），2013，18.

[5] 金熙，周红.空间的应变表达——Revit 杯竞赛获奖作品分析 [J]. 华中建筑，2018 (06)：19-22.

（本文受 "苏州科技大学 '本科教学工程' 教学改革与研究项目：'竞赛驱动型教学' 理念下建筑学本科教学中竞赛与课程的衔接与组织研究" 资助）

作者：周曦，苏州科技大学建筑与城市规划学院，副教授，硕士生导师，院长助理，国家一级注册建筑师；张芳，苏州科技大学建筑与城市规划学院，副教授，硕士生导师，建筑系副主任

本科生研究能力提升中科研基金项目融入的若干实践分析[1]

——以建筑学专业为例

郑彬　任书斌

Some Practical Analysis on the Integration of Research Fund Projects in the Improvement of Undergraduate Research Capability—Take Architecture as an example

■摘要：本文探讨分析了某些科研基金项目融入建筑学高年级本科教学过程中的案例，通过对北方滨海地区建筑群体冬季防风等实际项目的参与和实践，指出其在建筑学本科生研究能力以及综合能力提升方面的独特优势，试图对未来建筑教育的改革和演进探索一个崭新的途径。

■关键词：建筑学本科生　研究能力　科研基金项目　实践分析

Abstract：This paper explores and analyzes the case that some research fund projects are integrated into the undergraduate teaching process of architecture. Through the participation and practice of research fund projects such as winter wind insulation in the coastal areas of northern China, it points out there is a unique advantage in capacity improvement of research ability and comprehensiveness in architecture undergraduate students, and tries to explore a new way for the future reform and evolution of architectural education.

Key words：Architecture Undergraduate；Research Capability；Research Fund Project；Practical Analysis

一、概述

随着中国城市化进程的不断深化，中国城市和建筑正面临着更深层次的问题，新的问题要求新的学术视野，同时对建筑教育也提出了更多的挑战。以往沿袭西方的教学安排、按照一定的建筑类型、按照面积的大小进行的教学模式，僵化和桎梏了学生的思维，严重脱离了中国当前的独特语境，使建筑的创造性变成了纸上谈兵。当前的建筑教育要不断地突破已有的学科框架，向社会学、人类学、生态学、哲学以及科学技术的最新成果寻求跨越，向如何解决中国语境中的独特现实问题转向。因此，如何培养具有综合学科背景、具有一定的研究能力、创新意识的人才已成为当前建筑学科专业教育发展的关键问题和未来指向。

建筑学教师的某些科研基金项目，具有很强的现实性和制约性，可以有效地打破当前建筑教育中存在的纸上谈兵的模式，而现实问题的复杂性，又可以让学生综合地去发现问题、判断问题，并且寻求解决问题的独特方法。这些方法，要在西方已有研究思路的基础上，追求现实的可行性。因此，在建筑学高年级以及毕业班中探讨如何将此类题目有效地融入设计教学，就成为衔接毕业后市场适应能力的关键[1]。

二、案例剖析

选择教师的科研基金项目〝北方海滨地区建筑群体冬季防风策略——以烟台市为例〞为切入点，以实践研究为基础，用以提升学生的研究能力和创新意识。

（一）研究背景

以烟台市为代表的北方滨海地区属于温带季风气候区，多丘陵山地，四季分明。冬季主要受蒙古冷高压控制，盛吹寒冷的西北风。随着城市建筑密度不断增加，建筑风环境因建筑布局产生扰动，在极端气候条件下可能会给人带来伤害和危险，建筑的采暖能耗也随着增加。因此，〝北方海滨地区建筑群体冬季防风设计〞将成为研究的一个重要课题。在此背景下，将研究与教学相结合，引导学生对防风问题的研究成为出发点，以提高本科生的研究能力。

（二）发现问题

在对本科生研究型的教学中，由于风环境问题与传统建筑学设计方法不同，学生在开始研究之初，要学习风压通风与热压通风的形成原理，形成城市风环境的类型等基础知识，这是学生基本专业知识的准备和研究能力培养的前提。

经过研究发现：烟台市是全国数量不多的海洋在北面的城市，城市南面是昆嵛山脉，地域性的特点形成了独特的城市风环境。经过现场调研、测试分析和软件模拟等手段，分析烟台市冬季防风设计中存在的主要问题有：

（1）选址考虑方面：部分建筑群体选址时，忽略冬季风环境的影响，将其布置在山地北侧，容易直接受强冷空气影响，并且形成涡流，影响冬季风环境。

（2）规划布局方面：一些小区开阔的主入口不利于冬季防风，由于峡谷效应，在入口位置风速较大，不利于北风的防治。同时建筑密度过大或过小，也会影响冬季室外风环境。

（3）植物配置不合理：尺度较大的广场，缺乏植被，形成不良风环境；绿化植被选择不当，主要是落叶与常绿植物选择不合适，不利于防风。

（4）建筑单体体块凹凸变化较大，在建筑周围形成漩涡，形成风速瞬时加大等现象（图1）。

（三）分析与解决问题

针对北方沿海城市风环境设计中出现的上述问题，学生经过查阅资料，软件模拟优化，比较分析，整理出北方滨海城市在冬季防风中应遵循的设计策略：

（1）在建筑组织与布局方面，在行列式、点群式、混合式等排列方式中，行列式交错布局内部风环境较好，规划时在冬季防风方面是个不错的选择。

（2）建筑群体组合的主要开口方向宜设置在南侧，防止北向局部风速加强。

（3）广场尺度要适宜，获得良好的广场冬季风环境和充足的光照。经过模拟分析可得，当建筑高度与广场长度比值为 1/4~1/5，广场风环境较好（图2）。

（4）在绿化植被布置方面，在建筑北侧宜种植常绿针叶乔木，以阻挡北风；南侧宜种植阔叶落叶乔木，不阻碍冬季获得阳光。

（5）在建筑单体设计层面，设置门斗，减少建筑凹凸，采用适宜的建筑平面。

（四）对建筑课程的反哺

通过上述研究，学生基本掌握了建筑风环境和防风的设计策略，并在建筑课程中以此作为设计的出发点。课程设计的案例任务书是建设一所学校，以绿色建筑作为设计目标，其中应用到的风环境设计策略主要有：

（1）在建筑规划中，在东北和西北设置常绿风障，可减少冬季寒风对组群内的建筑以及庭院的影响，在东南方向种植落叶乔木，夏季形成树荫，冬季不遮挡阳光，有利于创造适宜的微气候。此外，北向的常绿树木还可降低噪声。

（2）利用 CFD 软件对场地的通风情况进行了模拟，情况如下：夏季，盛行风向在建筑两侧能形成较大的风压差，风速较大，能形成良好的穿堂风。冬季，盛行风被建筑山墙挡住，风速减小，有利于防止冷风的渗透。

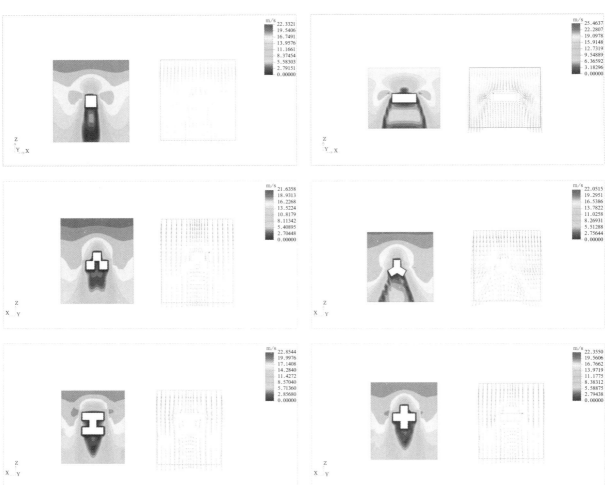

图 1　不同建筑平面形式的风环境模拟图

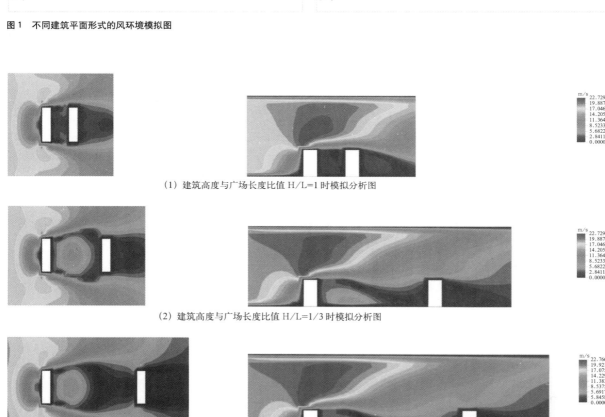

（1）建筑高度与广场长度比值 H/L=1 时模拟分析图

（2）建筑高度与广场长度比值 H/L=1/3 时模拟分析图

（3）建筑高度与广场长度比值 H/L=1/5 时模拟分析图

图 2　建筑高度与广场长度比值不同时的风环境模拟图

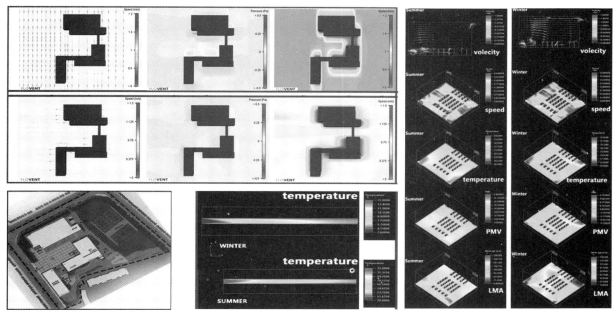

图3　在设计中运用到的防风与风环境的设计策略

（3）使用 CFD 软件模拟了教室的室内环境。经过各种被动技术的利用，教室夏季和冬季基本上达到了舒适的要求。由测试结果可知：夏季，室内温度在 27~29℃，较凉爽；室内风速主要在 0.2~0.4m/s；空气新鲜；感觉舒适。冬季，室内温度在 20~23℃，感觉暖和；室内风速在 0.1~0.3m/s；空气较新鲜；感觉舒适。

（4）使用 CFD 软件对地道风系统进行模拟可知：由于地面以下两米的土壤恒温，在夏季气流温度可降低 4℃以上，且可以除湿；在冬季气流温度可升高 5℃以上。

三、总结与思考

由于科研基金项目具有一定的研究性，在学生研究课题结题时都会取得研究的阶段性成果。除上述案例之外，还进行了海草房被动节能的建筑设计策略、废弃集装箱再利用研究等科研项目，学生研究均取得一定成果。下表为最近指导学生发表论文或获奖成果：

科研基金项目多依托教师的基金项目或者教师的研究方向，大多都是真实的亟待解决的社会问题，针

学生研究成果列表

序号	课题	论文与获奖	备注
1	北方海滨地区建筑群体冬季防风策略研究——以烟台地区为例	《中国建筑教育》"清润奖"获优秀奖	论文题目：绿色建筑语言的开创与发展——基于建筑问题的浅谈
2	废弃集装箱再利用研究	世界华人建筑师协会资源再利用竞赛优秀奖	
		谷雨杯全国大学生可持续建筑设计竞赛优秀奖	
3	烟台城市住宅微气候调查研究	2014 建筑热工与节能学术年会	论文题目：北方滨海地区住宅夏季微气候测试分析——以烟台南山世纪华府为例

对的多是实际性的问题。这类研究性课题理论、实践结合较强，并且在建筑设计教学中正扮演着日益重要的角色。

从教师的职业角度看，一线的建筑学教师往往身兼数职：教师、学者、建筑师。将自己的学术成果与教学相结合、将研究成果运用到实际当中去，是建筑学专业教师理想的工作方式。从学生的学习角度看，学生课题小组在共同研究时，发现问题、讨论问题、解决问题，并分享经验和合作过程，使得学习的热情和效率高涨。同时课题研究可以开阔学生眼界，为学生对建筑学科综合能力的培养提供依据和支持，培养科学的学习态度，培养对社会的责任心和使命感，帮助学生更好地走上工作岗位 [2]。

当然，此种教学模式的探索现阶段也存在以下不足和缺陷：

（1）本科生理论基础较薄弱。由于本科生专业知识框架尚未健全，对专业的理解不完整，在研究过程中难免走弯路，并且致使某些研究成果缺乏足够的深度。

（2）受传统课程设计的影响较大。传统建筑学课程设计多以形象思维、感性创作为主，而课题则以理论逻辑推理为主，思维方式存在一定的差别，学生较为不适应。

参考文献：

[1] 全国高等学校建筑学学科专业指导委员会．2015 全国建筑教育学术研讨会论文集 [C]．北京：中国建筑工业出版社，2015：117–121．

[2] 李乐山．高等学校进行研究型教学的方法与意义 [J]．西安交通大学学报（社会科学版），2008(1)：92–96．

图片来源：

图 1：学生：王展 张玲玲 杨明珠 刘国刚．指导教师：郑彬

图 2：学生：王展 张玲玲 杨明珠 刘国刚．指导教师：郑彬

图 3：学生：李鹏 孙雪梅．指导教师：郑彬

作者：郑彬，烟台大学建筑学院教师；任书斌，烟台大学建筑学院副教授

基于"项目设计"土建类专业联合教学的建筑学专业实践教学探索

张定青 刘星 张硕英 顾兆林

Practical Teaching Reform of Architecture Based on the Joint Teaching of "Project Design"

■摘要："项目设计"是西安交通大学人居环境与建筑工程学院遵循 CDIO 工程教育理念实施的一项土建类专业联合教学实践课程，通过建筑学与土木工程、建筑环境与能源应用工程的专业交流与协作，进行工程设计全流程教学训练。基于"项目设计"学科交叉院级平台，建筑学专业开展融入人居环境可持续设计理念与技术方法的实践教学，培养学生工程系统思维，提升综合运用专业知识解决实际问题的工程实践能力。
■关键词：项目设计 工程教育 跨专业联合教学 学科交叉平台 实践教学

Abstract："Project Design" is a trans—disciplinary joint teaching practice course in civil engineering specialties implemented by the School of Human Settlements and Civil Engineering, Xi'an Jiaotong University. Following the concept of CDIO engineering education, through the communication and collaboration among students of Architecture, Civil Engineering and Building Environment and Energy Application Engineering, the entire process of engineering design training is carried out. Based on the "Project Design" interdisciplinary platform, the Department of Architecture develops practice teaching that incorporates the human settlements sustainable design concepts and technical methods, cultivates students' engineering system thinking, and enhances the engineering practice ability of comprehensively applying professional knowledge to solve practical problems.

Keywords：Project design；Engineering education；Trans—disciplinary joint teaching；Interdisciplinary platform；Practicete aching

　　自 2013 年以来，西安交通大学人居环境与建筑工程学院已连续 5 年实行了院级课程"项目设计"的教改实践。该课程作为学院土建类专业联合教学的实践课程，遵循"基于项目学习"的 CDIO 工程教育教学方法，依托学院土建类专业大平台，通过跨专业交流协作，使学生对于实际工程项目的专业组织与设计流程建立较为完整的实践经验。建筑学专业通过"项目设计"实践教学，强化学生对于人居环境可持续设计理念与技术方法的理解和应用，拓宽专业知识、培养工程系统思维，提高综合运用专业知识解决实际问题的工程实践能力，培养专业协作和团队合作能力。

1 教学背景

1.1 人才培养理念与教学目标

西安交大人居环境与建筑工程学院是国内第一个以"人居环境科学"为科学目标组建的实体学院，涵盖了建筑学、土木工程、建筑环境与能源应用工程3个土建类学科专业。学院积极探索人居环境可持续发展理念下学科交叉与融合的研究方向和专业教育特色，在2010版的本科培养方案中设置了院级实践课程"项目设计"（第7学期，2学分，64学时），以工程建设项目为引领，按照建筑设计院工程设计项目的专业组织及工作流程，组织土建专业学生开展从建筑方案、结构设计直至建筑能源与暖通空调系统设计在内的工程设计全流程教学训练，探索以提升学生工程实践能力为主要目标的学科交叉培养模式。

"项目设计"实践教学遵循CDIO工程教育理念，从实践环节入手，以真实的工程问题、工程项目为教育的起点，引入相关自然科学、人文社会科学及工程技术知识，倡导多学科融合的学习方式，构建知识整体化系统[1]。建筑学与土木工程、建筑环境与能源应用工程专业的学生组成设计团队，针对真实性项目课题，进行建筑规划设计、结构选型与设计、建筑环境设备系统选型和控制等面向工程实际的设计训练，从中学习构思（Conceive）—设计（Design）—实现（Implement）—运作（Operate）的产品研发和实施过程。

建筑学专业在人居学院"学科交叉"办学特色的基础上，提出"具备人居环境科学的基本理念与可持续发展思想"和"获得建筑师基本技能训练"的人才培养目标，突出"人居环境理念与可持续设计方法融入教学"和"科学教育与工程教育相结合、创新思维与实践能力培养相渗透"的专业特色。"项目设计"联合教学是建筑学实施工程教育与创新实践培养过程的一个重要环节，体现工程教育重综合、重实践、重集成、重创新的特点，以"工程项目"为载体组织教学环节和学生的学习过程，将工程基础知识、个人能力、人际团队能力和工程系统能力的培养融入课程训练中，让学生在"做中学"，以主动的、实践的、注重课程之间有机联系的方式学习工程[2]，学习和应用人居环境可持续设计理念与技术方法，获得技术知识和工程能力一体化的学习经验，提升分析与解决实际工程问题的综合能力。

1.2 教学组织模式

"项目设计"的组织由学院统一协调，在人员组织、工作环节、进度安排、质量监控等方面形成一套制度和流程（图1）。学生通过自由组合形成若干项目设计小组（每个小组8~10人，其中建筑学4~5人，土木、

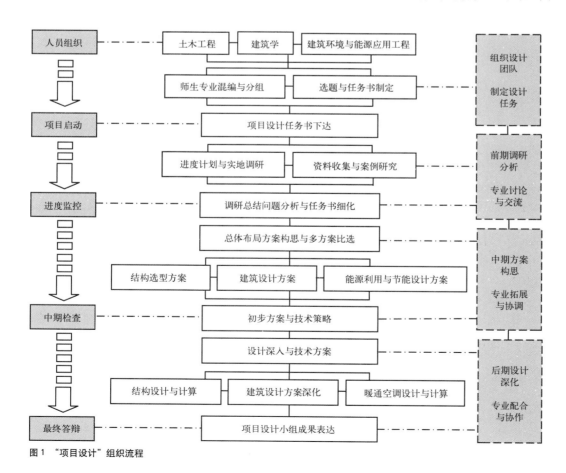

图1 "项目设计"组织流程

建环学生各 2 名左右，组长由建筑学学生担任），每个小组配备来自 3 个专业的指导教师各 1 名，以团队为单位通过多专业合作，完成全流程的工程项目设计过程训练。

学院在开学之初召开项目设计启动会，统一下达任务书。其后各小组学生与本组指导教师协调时间进行课外研讨。类似于设计单位实际工程项目中建筑师的"龙头"地位，项目设计中也是建筑学专业先行，建筑学教师对于整个任务推进起到把控作用，建筑学学生在教师指导下拟定小组工作计划，按照前期调查分析—方案构思与多方案比较—各专业设计协同—设计深入与成果表达的流程制订进度表。

为保证质量监控，学院要求各小组每周记录工作进展，并设置了中期检查答辩环节，由来自各专业的教师组成评委，对于方案的创新性与技术合理性进行评议，提出改进建议。最后，以小组为单位提交项目设计最终成果，进行汇报和答辩，包括设计院专家在内的 3 个专业的评委根据相关评价指标进行综合评分。按照平时进度 10%、中期答辩 20%、最终答辩 70% 的分值计算各小组的总评成绩；指导教师则根据本组总评成绩，结合本专业学生的实际表现和贡献给出每位学生的成绩。（图 1）

2 题目设置与教学任务

2.1 题目设置特点

项目设计的题目选择实际工程项目，并且与学生的学习、生活经验密切相关（表 1）。例如，2013—2015 年的项目基地位于交大校园，建筑功能分别是教学科研、活动中心、学生宿舍等。其中，2014 年的项目是原学生西食堂（彭康楼）的改造利用，该食堂是 20 世纪 50 年代交大西迁建校时的产物，现为校园历史建筑，寄托了几代交大人的情感和记忆，在校生都有使用经历，题目设置是改造为学生活动中心。2016—2017 年的项目位于西咸新区在建的西安交大西部科技创新港，题目设置分别是人居科研楼和地铁高架站，未来将与学院师生的学习生活息息相关。这些设计选题首先在生活经验上吸引或情感上打动学生，给不同专业的学生提供具有集体共识的设计背景，激发学生的设计热情，为后续的交流合作打下基础。

"项目设计"题目设置一览表　　　　　　　　　　　　　　　　表 1

年度	设计题目	建筑功能	建筑规模（m²）	基地区位	设计重点
2013	西安交通大学曲江校区人居学院 节能生态示范楼方案设计	教学与科研 办公	15000	校园	节能环保生态技术运用
2014	西安交通大学彭康楼 综合改造工程项目方案设计	学生综合 活动中心	6900	校园	历史建筑改造与利用
2015	西安交通大学崇实书院 学生宿舍楼方案设计	学生宿舍	依据书院学生规模设定	校园	书院模式下的新型住宿单元
2016	西安交通大学创新港人居环境 科学与工程研究院科研楼方案设计	教学与科研	11000	创新港	创新理念和多学科交叉平台
2017	西安地铁 5 号线曹家滩站 高架车站方案设计	轨道交通 站场	依据预测客流量设置	创新港	轨道交通站场技术要求

此外，不同类型的题目设置有不同设计重点。"节能生态示范楼"要求运用生态技术，体现节能环保要求；"彭康楼综合改造"要求在保护历史建筑整体风貌的同时，满足学生公共活动的需求；"创新港人居科研楼"要求体现新时期大学教育的新理念与新思维，以及人居学院多学科交叉平台的特点；"地铁高架站"兼有建筑与桥梁的特点，要满足轨道交通站场的一系列技术要求。

2.2 教学任务与要求

"项目设计"教学任务的设置依据工程设计阶段，前期包括资料收集、基地踏勘、调研访谈、案例研究等，对学校现有建筑（或同类建筑）使用状况及人群需求进行综合分析与评价，发现问题，明确项目定位，细化任务书。中期展开设计方案构思与技术方法综合运用，完成总体布局多方案比选、单体建筑初步设计、结构设计方案与节能设计方案确定等。后期进入建筑设计与结构设计、暖通空调设计的协调推进，结构与暖通设计相关计算，设计方案的深入表达。小组成果提交包括 A1 设计图纸不少于 10 张（其中建筑设计部分不少于 6 张），土木和建环专业的计算书文本各 1 套。

项目设计要求学生体验基于专业协同的建筑工程项目设计整体流程，并将人居环境可持续设计理念与技术方法运用融入其中。以节能环保的绿色理念为主线贯穿，分析建筑、环境、能源的相互关系，综合考虑设计方案的适用、美观和安全、节能，将所学的专业理论知识与工程实践要求相结合，综合解决工程问题。

3 教学训练与指导环节

3.1 调研与分析——专业讨论与交流融入新视角

前期调研是建筑学学生熟悉的工作内容，一般包括资料收集、案例分析和基地踏勘等环节。作为项目设计的主导专业，建筑学学生首先在导师指导下完善调研提纲，汇总各专业对于设计任务的初步想法，组织开展小组调研。由于土木、建环专业学生的加入，为建筑学学生关注功能、空间、流线的常规视角和分析思维加入了新的元素。

例如，针对节能生态示范楼设计课题，学生对于学院现有办公楼的使用情况进行了调研访谈，除了了解各部门对办公、科研、教学空间的功能要求，重点分析了在建筑能源使用与室内环境热舒适性等方面存在的问题，引发对生态节能技术与设计方法的探讨。在改造工程项目设计课题中，学生首先对原有建筑结构与材料、节能与热舒适进行了评估，对于后续的建筑节能改造提供了依据；特别关注了改造对象的建筑结构体系，对于墙柱位置和性质进行了仔细标注，对于坡屋面的屋架结构受力方式进行了分析，将这些要素作为设计的限制性条件。而地铁高架站的设计项目，兼有建筑与桥梁的特点，既有承托轨道线路、保证列车安全通过的结构技术要求，又要满足车站客流、物流和运营管理等的功能需求，在建筑设计、结构与通风空调设计等方面具有特殊性，学生通过查阅资料、实地体验已建高架站，对于该类交通性建筑的专业性设计特点和要求进行了分析总结。

通过小组调研和交流讨论，学生们发现了不同专业认识问题的不同视角，土木和建环学生感受到了建筑学学生对于空间环境的观察力和人文社会问题的思考，建筑学学生在专业碰撞中对于设计对象的思考也从使用功能、建筑空间、基地环境扩展到建筑结构与能源利用，完善了对于建筑工程项目的认知框架，对于项目设计需要解决的各专业问题有了初步的认识，对节能技术相关资料和设计案例进行了学习和总结，完成设计前期的知识储备。

3.2 方案构思——专业拓展与沟通确定设计方向

在前期调研分析的基础上，建筑学学生开始方案构思，提出多方案比较进行小组讨论。除了基本的空间与功能的思考，设计出发点考虑了建筑形态与布局对于场地小气候及建筑节能的影响，改建项目重点思考在保留原有结构体系基础上营造建筑空间变化的丰富性。指导教师要求学生通过梳理设计目标与策略方法，不仅在设计立意上发挥创新思维，同时在实现目标的具体途径上提出相应的设计方法。

例如在节能生态示范楼设计课题中，学生比较了集中布局、成组布局、中庭设置、形体扭转等多种布局方式，对其进行功能分区、体形系数、日照采光、通风组织等多角度评估，最终确定的总体布局使主体建筑满足日照通风的最佳条件，各部分流线组织相对独立又有机联系，并提出利用被动式节能技术的想法。

土木与建环专业的老师在设计发展方向上提出意见，指导小组选择合理的结构选型方案和能源利用方案。在此过程中，3个专业不仅从各自专业出发梳理问题，也从其他专业的关注点上吸取到相关知识。建筑学学生加深了对于完整的建筑方案考虑因素的认识，为方案深入过程中的专业沟通与协作打下基础。

3.3 技术策略——专业配合与协调提出解决方案

在设计逐步推进的过程中，概念性想法逐步落实到具体方案，需要引导学生从多专业角度全面思考建筑工程系统。满足建筑学空间设计要求的结构体系与结构布置方式得到土木专业师生的评估和修正，建筑节能方法与技术在和建环专业的合作中得到深化，结构设计及暖通空调系统的技术要求也会反馈到建筑方案中，如合理布置柱网、妥善安排管井及各种设备用房等。

学生通过与建筑、建环和土木老师的充分讨论，筛选出地域气候条件下适宜性节能技术与方法以及经济节能的结构类型，设计了针对性的节能技术体系，运用到场地布局、单体设计、维护结构及构造设计、能源系统设计等各个层面，综合解决建筑日照、采光、采暖通风、保温隔热等问题（图2）。在改造工程项目的设计深入过程中，学生结合学生活动中心的功能定位和需求，在保留原有结构体系、立面风格的基础上，与土木师生重点探讨了如何对原有结构布置加以适当改造，比如抽减柱子、增减楼梯、打通楼板、增加连廊、更换屋面等，创造出满足新功能的灵活变化的内部空间形式（图3）。

随着建筑方案的完善，结构设计方案和暖通与空调设计方案也初步成形，土木和建环专业学生投入技术方案的具体计算中。在整体方案推进的过程中，建筑学学生了解到结构荷载计算与构件设计、结构抗震抗风设计、建筑冷热负荷计算、冷热源设计、围护结构选择、通风设计等工作环节，对于建筑方案中应考虑的结构和设备问题不再停留在抽象的概念，对于平时设计中容易忽视的问题——例如不同体部结构体系之间的处理方式、改造建筑保留部分与新建部分的结构关系、不同功能空间采取不同能源利用方式等——建立了较为深刻的认识。学生对于设计方案中各专业需要解决的问题以及如何与结构、设备专业相互配合调整设计方案形成了切身感受，尤其对于创新思维与技术实现之间的关系有了进一步的理解。

3.4 设计深入与表达——专业分工与合作完善成果

在设计深入与成果表达阶段，建筑学学生完善平立剖图纸及建筑效果图的绘制，并对建筑结构、建筑节能等方面采取的设计手段在建筑方案中予以综合表达。例如，在地铁高架车站项目设计中，学生需要协调功能性空间的合理性、建筑造型的标识性与大跨结构体系、建筑能源系统设计要求的相互关系，采用"桥建合一"结构体系,综合考虑建筑使用荷载和轨道交通荷载,对钢筋混凝土主体结构和钢结构进行协同设计,解决主体建筑流线型屋架、透明表皮、可调节维护结构等的结构实施方案,以及主要使用空间与管理用房、设备用房采用不同暖通空调系统的方案。借助设计软件,对于建筑的内部空间与外观造型进行推敲完善(图4)。各专业独立完成绘图工作,最终由建筑学学生统一排版形成一套完整图纸(图5)。

4 总结与讨论

"项目设计"教学改革的实施,体现了工程教育理念及人居环境学科交叉在土建类专业培养模式中的探讨。通过5届学生的实践,西安交大人居学院的项目设计教改已初见成效,建立了较为完善的组织管理、

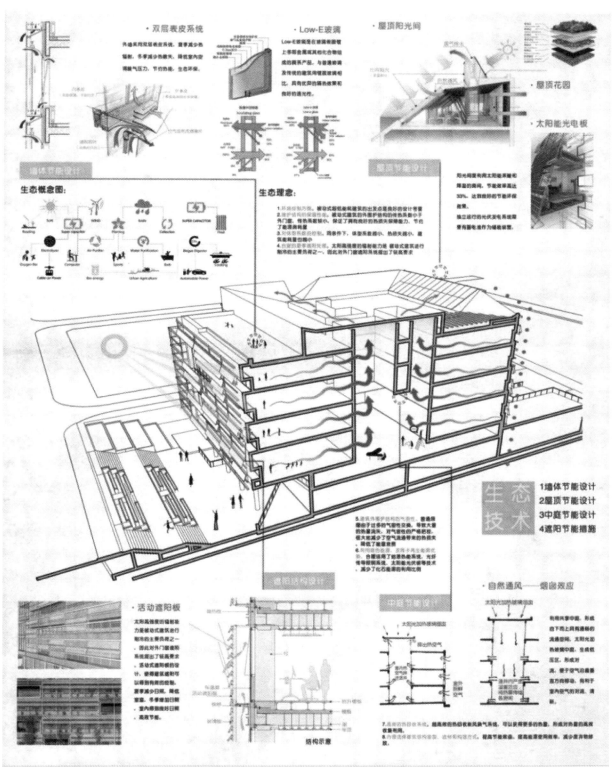

图2 "人居环境研究院科研楼"生态节能技术分析(2013级康易通小组)

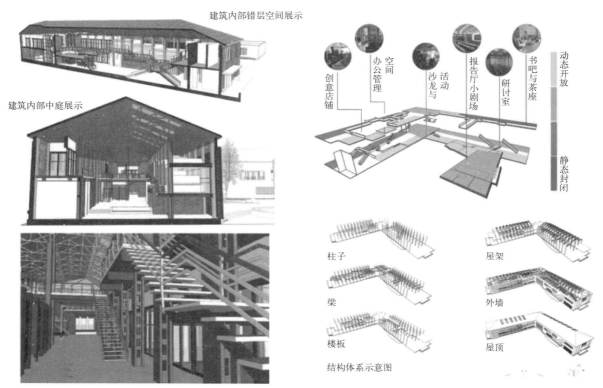

建筑内部错层空间展示

建筑内部中庭展示

动态开放

创意店铺　空间办公管理　沙龙与活动　报告厅小剧场　研讨室　书吧与茶座

静态封闭

柱子　　　　　　　屋架

梁　　　　　　　　外墙

楼板　　　　　　　屋顶

结构体系示意图

图3 "彭康楼综合改造"内部空间与结构分析（2011级方格格小组）

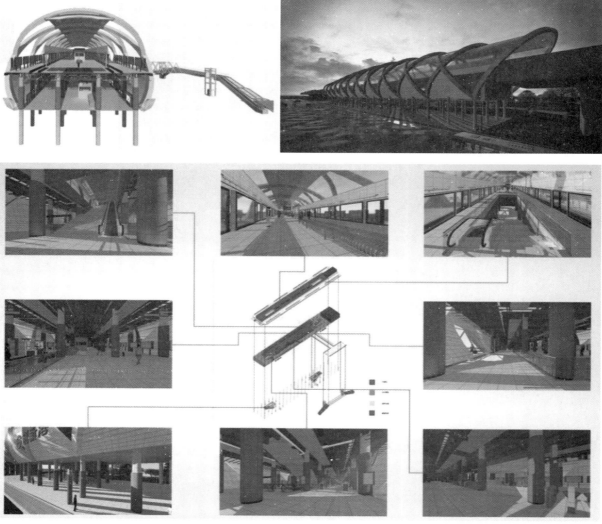

图4 "地铁高架车站"建筑形体与空间结构表达（2014级武彭成小组）

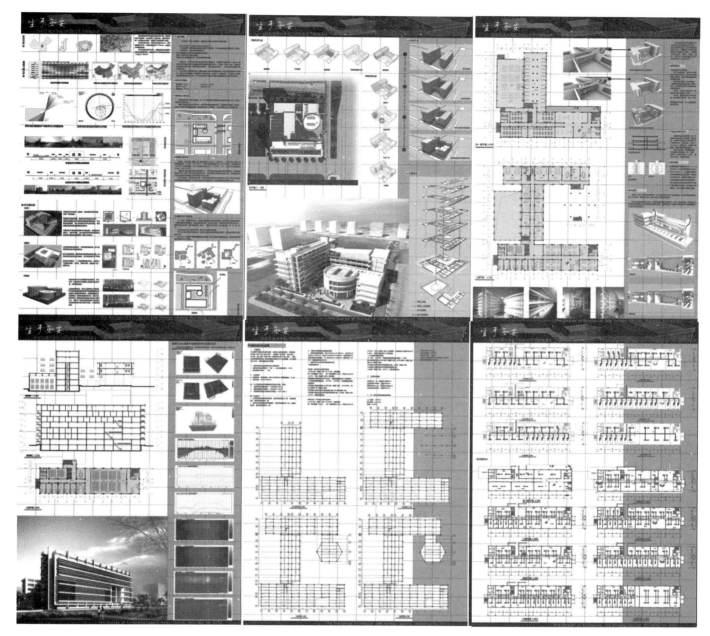

图5 "人居学院节能生态示范楼"成果图纸示例（2010级范若冰小组）

实施与评价机制。建筑学学生与土木、建环专业学生分工合作完成一套相对完整的设计成果，体验了建筑设计院实际工程项目的设计流程，初步建立了建筑工程项目设计的系统思维。通过灵活性、综合性的学习方式，围绕真实的工程项目，将多学科知识、理论与实践以及工程中的科学、技术、艺术与人文等结合在一起，对于拓展学生专业知识、深化可持续设计理念与方法、提高设计实践能力以及培养交流沟通与团队协作能力发挥了重要作用，为学生进入设计单位进行"建筑师业务实践"的实习乃至未来的职业生涯提供了前期准备。"项目设计"的教学模式和成果也得到了建筑学专业教育评估委员会评估专家的肯定。

从"项目设计"的培养目标和教学组织特点出发，设计题目应选择实际（规划或拟建）工程项目，建筑类型与设计难度适宜；强调建筑节能与生态可持续方面的特点，要求各专业提出各自的解决路径，并形成综合设计方案。任务书的制定既要对项目整体工作提出要求，也要结合专业特点明确分专业工作任务。

在设计指导过程中，各专业教师对于专业拓展的知识点应给予针对性的讲授，帮助学生完善多学科知识体系；教师之间也存在一个磨合过程，需要更加密切地配合，对于专业协作提供更为有效的指导。鉴于项目设计是跨专业课外教学活动，应加强过程管理，进一步完善日常进度检查、中期检查以及最终设计方案科学评价的管理机制和考核办法。

加强导师团队的建设是今后"项目设计"教改过程中的一项重要任务，一方面，需完善校企合作、协同育人机制，聘请校外专家更多地介入设计过程的指导，形成校内外专家协同配合的团队教学模式；另一方面，需要进一步探索"以学生为中心"的教育范式，建立自主学习、合作学习、研究性学习和探索性学习的习惯和氛围，推动多元化的教学模式与方法改革。

　　（基金项目：陕西高等教育教学改革研究项目"土建类项目设计课程跨专业系统能力培养模式的创新研究"，项目编号：17BY004）

参考文献：

[1] 刘坤，李继怀.基于知识整体化的高等工程教育课程改革 [J].现代教育管理，2016(7):104—109.
[2] 徐飞.办一流工程教育育卓越工科人才 [J].高等工程教育研究，2016(6):1—6,36.

作者：张定青，西安交通大学人居环境与建筑工程学院建筑学系副教授；刘星，西安交通大学人居环境与建筑工程学院建筑环境与能源应用工程系副教授；张硕英，西安交通大学人居环境与建筑工程学院副院长，土木工程系副教授；顾兆林，西安交通大学人居环境与建筑工程学院常务副院长，地球环境科学系教授

基于"研究素质"培养的多校联合毕业设计教学模式初探

李翔宇　乔壬路　胡惠琴

An exploration of teaching modes of joint graduation design, base on the training of research quality

■摘要：建筑教育对学生"研究素质"的培育是当代社会多元化的需求，毕业设计课程作为建筑学本科学习的最终环节应做出相应的调整。本文以首次大健康领域联合毕业设计"老人与自闭症儿童综合福祉设施规划与建筑设计方案"为例，介绍其选题立意、教学环节、组织模式、成果总结等，诠释"以过程为导向"的研究型建筑设计教学实践，并提出认知与思考，旨在探讨建筑设计教学中嵌入"研究环节"，以"研"促"教"的模式，为联合毕业设计教学的多元发展提供借鉴。

■关键词：联合毕业设计　研究素质　福祉设施　代际交流

Abstract：The training of graduates' research abilities is demanded by the contemporary society to diversify architectural professionals．As the final examination of the quality of undergraduate learning of architecture，the course of graduation design should adjust to such demands．By exemplifying the first joint graduation design of the pan health fields themed as "Planning and architectural design proposals of comprehensive welfare facilities for the elderlies and autistic children" and introducing its topic selections，teaching procedures，modes of organizations and summaries of the outputs，this thesis raises perceptions and thoughts on the embedment of research sections into the teaching of architectural design，and proposes utilizing research as to promote teaching，which annotates a "process—oriented" teaching mode of research oriented architectural design．These experiences and thoughts can be a future reference of the diverse developments of joint graduation design in the field of architecture．

Key words：Joint graduation design；Research quality；Welfare facilities；Intergenerational communication

1 引言

当代建筑教育正处于转型期，建筑师的责任边界逐渐模糊，一方面在跨界扩大，一方面又分工细化。要求建筑师职业技能更加综合、知识更加全面。在这一市场需求下，传统建筑设计课程的教学也应该从"命题型"向"研究型"过渡，从侧重于建筑设计实践技能的训练向拓宽视野，培养发现问题、分析问题、解决问题的能力转变。为将来建筑师在设计实践中应具备的"研究素质"打下基础。

2 选题背景与意义

2.1 选题立意

本次 2018 大健康领域第一届联合毕业设计选取的题目是"老人与自闭症儿童综合福祉设施规划与建筑设计方案"，随着我国已经进入老龄化社会以及"健康中国"战略的推进实施，老龄与卫生健康事业的结合愈加紧密，本次毕业设计的选题就定位在"老幼代际互助"这个社会的热点问题上。而且，此次的设计课题也正是各高校导师的科研方向，有助于同行们的交流和对学生们的交叉指导。基于上述背景，以东南大学为主要承办单位，联合国内七所知名建筑院校（同济大学、华南理工大学、北京工业大学、华中科技大学、哈尔滨工业大学、浙江大学）开展了综合福祉设施规划与建筑设计的联合毕业设计。

2.2 题目拟定

设计方案的基地位于南京雨花台区宁芜高速与梁三道交汇处的西北侧，南至梁三道，西至梅村路，北至茶场路。距离南京市区约 20 公里。基地面积 45 万平方米，规划建筑面积 8 万平方米，具体任务书见表 1：

2018 大健康领域第一届联合毕业设计任务书　　　　　　　　　　　　　　　　　　　　　　表 1

功能板块	规模要求	分项指标	特殊要求
养老院	800 床，50000m²	200 床养老公寓——40m²/人，合计 8000	服务于自理型和支援型老人
		200 床养老住宅——50m² 户型 100 户，60m² 户型 60 户	服务于自理型和支援型老人
		300 床长期护理中心——30m²/人，合计 9000m²	服务于介护型老人（失智、临终老人）
		100 床的时空胶囊，可满足两周生活的主题度假疗养，面积自拟	
		老年大学 1600m²	
		营养厨房 1600m²	
		餐厅 1600m²	
		综合超市 800m²	
		医护办公 800m²	
康养医院	10000m²	康复训练中心 6000m²	含水疗、作业疗法等
		日间护理中心 1000m²	
		医护办公 200m²	
自闭症为主体的学校	20 人/班×30 班 = 班 600 人，10410m²	幼儿园用房，约 1500m²	幼儿园 6 班 + 小学 12 班 + 初中 6 班 + 高中 6 班，共计 30 个班
		初中小学用房，约 7500m²	
		高中用房，约 4000m²	
		各个年级办公室，约 600m²	
办公管理	500 人，10000m²	就业指导（协同办公、互联服务、科研转化、创业孵化、产品展示）	
		访客接待（等候、谈话、儿童游戏、阅读查资料）	
员工生活区	200 床，8000m²	包括宿舍、食堂和娱乐，办公人员可以来食堂就餐	
室外场地	约 30000m²	幼儿园室外活动用地，约 1000m²	
		中小学体育用地，共计约 5000m²，200m 环形田径场	
		马疗场地，标准马场 60m×20m，周围一圈 20m 空地，面积 4000m²	
		露天停车场，其中机动车 500 个 停车位，约 20000m²；非机动车 500 个停车位，约 1000m²	
		其余种植、园艺、水疗、花园、运动场等，主题及面积自定	

项目的地理优势在于：临近宁芜高速，距离南京市区仅 20 公里，交通便利。基地内部及周边有 7 个村庄。如何梳理新建建筑与村落的关系是本次设计的挑战之一。基地地处典型的江南水乡环境中，大小各异的水系星罗棋布。原有村庄建筑及景观风貌良好，场地高差起伏不大，可以利用微地形打造立体景观。场地内部道路为两横两纵四条田间小道，中心腹地为一片废弃茶场（图 1）。

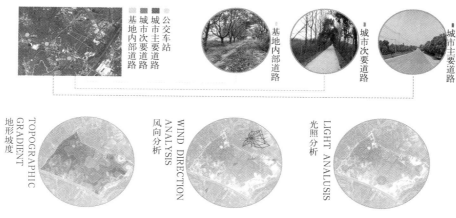

图1 基地区位与现状

3 教学目标及要点

3.1 教学目标

本次毕业设计的教学本着"研究型建筑设计"为纲，以"研"促"教"为本，以"过程为导向"的教学模式为实施途径的教学目标。"研究"是一个需要不断被探讨和学习的复杂范畴。高等建筑教育应该通过由简到繁的循序渐进的训练，来培养学生的研究能力，主要有三个研究过程——"理论积累与案例搜集""创意提炼与方案深化""技术提升与设计反馈"（图2）。以"过程为导向"的教学模式即要求学生尽可能思考包括城市、社会、环境、建筑在内的多元问题，善于现场调研与科学研究，善于团队协作与多方沟通。摒弃以往说教和讨论式的传统教学方法，重在教师自我示范式的言传身教，使学生建立科学的研究态度和方法，来应对未来建筑师多元化人才发展的需求。

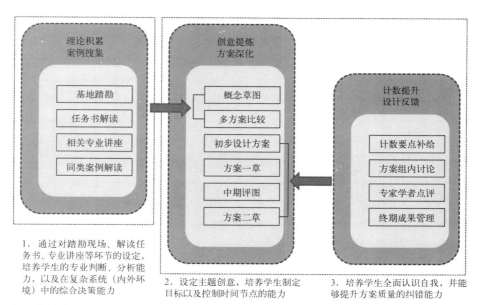

1. 通过对踏勘现场、解读任务书、专业讲座等环节的设定，培养学生的专业判断、分析能力，以及在复杂系统（内外环境）中的综合决策能力

2. 设定主题创意，培养学生制定目标以及控制时间节点的能力

3. 培养学生全面认识自我，并能够提升方案质量的纠错能力

图2 "过程为导向"教学模式的三种研究能力培养

3.2 教学要点

一方面，目前我国老龄化十分严重，特别是失智、失能老人的护理问题十分突出；另一方面，据统计我国自闭症儿童达4000万人，而国内鲜有收容机构。基于这个背景，本次毕业设计"老人与自闭症儿童综合福祉设施规划与建筑设计"具有重要的社会意义和现实意义。以"老幼复合设施"为主题，在集中授课的初步认识基础上，学生以小组为单位进行文献收集和案例分析。首先从使用者入手，分析老年人和自闭症儿童的行为特征、需求以及与空间的对应关系，为二者打造共享、共融、共生的建筑空间；其次探讨如何通过设计的力量激活乡村，重塑乡村。来自不同地域的建筑院校师生60余人受邀对位于南京西南的项目场

地进行了现场踏勘，将新的风貌带入传统乡村，以"针灸式"建筑空间的营造带动整个村庄乃至辐射周边区域。核心教学要点包括以下5个方向：

（1）研究该地区城市空间特征、发展与变化，分析现状的主动和被动因素，形成区域定位。

（2）老人和自闭症儿童都属于弱势群体，这两类人群在一个场地上如何交流和共处是本课程设计的难点。要求学生从守望、融合的角度思考，提出老幼复合设施的合理空间布局、行为特征、设施互动。

（3）探讨基地文脉特征，基地现有的景观资源、大地资源的再利用，茶场、农田、保留农村的特色，传承农耕文化，结合当地环境特征，进行整体规划，对该地区建设项目提出可行性设想。

（4）结合区域环境，探讨场地交通与城市上位规划的协调，提出创新城市设计空间形态方案。

（5）选取一处建筑单体，提出合理平面布局、功能配置、行为流线关系、形态造型方案。

4 教学环节与进度

本次联合毕业设计主要由7所高校46名学生和14名指导教师参与，在开端阶段要求学生跨校组合，团队协作完成城市层面的宏观研究与规划概念。因此，利用开题阶段在项目课题所在城市——南京东南大学进行3天的"workshop"，期间全员进行现场踏勘和调研，指导教师以讲座形式对相关领域的设计方法与案例进行集中授课，学生们以两个学校组成4~5人小组进行多学科视角分析问题和提出概念，后续在此基础上各自领取任务书，进行中观场地层面的详细设计。毕业设计中期汇报在清华大学进行3天的"workshop"，同学们以所在学校为单位进行园区整体规划与建筑单体概念设计的答辩并参加了《全国高校首届老年建筑研究学术论坛》，拓展了思路，加深了认识。第二天根据答辩意见再以之前的跨校合作小组进行互评和互改，第三天再进行二次汇报。最终答辩还是回到东南大学，进行完整设计的毕业设计答辩。答辩分为同学互投、专家点评和网络投标等环节，最终评出特等奖及一、二、三等奖。评图专家除了指导教师外，还邀请国外养老建筑专家和企业知名建筑师共同进行评审（图3）。

图3　教学环节与工作进度流程

5 设计方案释义

北京工业大学团队方案在规划设计中意在通过创设生态农业与保护原住居民为设计出发点，方案名为"朝夕'乡'处"，从代际维度来看，朝阳代表儿童，夕阳代表老人；从时间维度来看，"朝夕相处"——24小时爱护，"乡"是指基地所在的村庄地域，打造老幼互助、和谐共享的疗愈环境。将老幼复合设施渗入乡村发展的全面思考，对福祉设施的空间设计与对乡村振兴模式的探索并重。"老幼福祉设施"旨在为乡村引入新的生活方式和优质业态。从最基本的层面，创造满足乡村需求、适应乡村现状、引领乡村发展的功能布局。此次联合毕业设计，通过对原有茶场、村落的聚合、发酵、升华，探索如何赋予福祉设施与自然有机结合的纽带，从而达到从功能到生活方式的全面提升。

规划方案以原有茶场作为活力核心和交流中心，立体构筑环形架空廊道形成立体茶场，横纵两条景观路作为交通动脉，场地原有池塘的重新组合形成一条贯穿整个园区的景观水系。从功能上包括交流环廊、共享茶场、康养医院、活动中心、居住区、学校 教育区、森林氧吧、田园休闲区、村落风情区、时空胶囊、健身区。本次毕业设计的规划方案充分利用场地高差，形成以立体茶场为核心，各功能片区环状放射性展开的向心性布局，路网关系与景观设施相得益彰、生动活泼（图4、图5）。

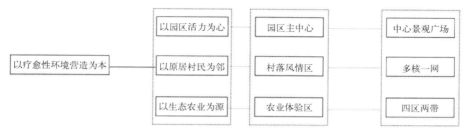

图4 规划设计概念的提出

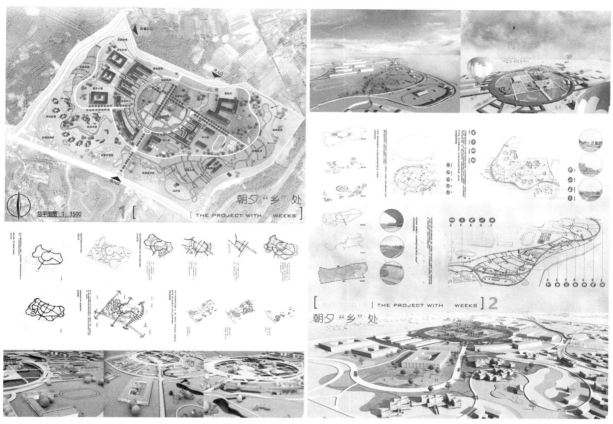

图5 规划设计方案展示

在建筑单体方案中，养老公寓方案着眼于共生颐养的概念，建筑布局为合院型，能够通过底层架空、空中连廊将院落分割成"五感花园"主题空间，空间可识别度极高，建筑主要房间充分考虑到了不同朝向的采光、景观的均好性；建筑外立面大量运用玻璃、木材，灵动飘逸，建筑形体与原有地形结合，错落有致，与清澈的溪水和美好的田园生活完美契合（图6）。方案还引入持续照护理念，根据老年人身体机能，针对自理、半自理、非自理的老人进行不同层次的空间配置和护理等级的设置。

自闭症儿童学校方案以"星语·星愿"为思想内核，建筑布局以一个起伏的参数化上人屋盖统一各建筑功能，巨构形态灵动丰富，视觉冲击力极强，盖下空间考虑到自闭症儿童行为特征和复杂的心理特征，提供了封闭、半封闭、开放、半开放的"内街"空间层次，儿童根据自己的心理状态选择不同的空间。街空间实际上是由不同类型、各具特色的治疗单元组成，它临近共享茶场，是老人与儿童交流的纽带。为了满足自闭症儿童的多样化的教学需求，在各个功能块之间形成更多的交流空间，形成功能组团，在视线上，尽量使共享茶场与生活街之间产生更多的联系；在设计中设置了多样化的教学单元和康复花园，努力营造出多样化、个性化的使用空间（图7）。

6 思考与启示

作为本科建筑学设计课的收官之作的毕业设计教学应该更加注重教学模式的开放性、研究性和实践性，构成信息互通与借鉴的平台。思考如下：

（1）"多校联合"教学模式的创新

联合毕业设计在教学模式上应该多元化，其关键在于引导和诱发学生的主动性，为学生的自主学习和研究探索创造空间。鼓励具有不同教学特色的学校联合且应数量适中。建立客观的成绩考评体系与课程制度，学生集中上课、评图周转不应过于频繁，以三次为宜，而其中诸如"互换教学""驻场跟踪""社会考评"等诸多创新模式应积极尝试。

联合毕业设计本着"开放式"教学理念，教师充分交流教学、管理、科研等创新方法，这对学生也是难得的一次"团队组合"的训练，通过"实战"建立"协作"能力，以此交流不同学校个体间的设计认知与能力特征。本次毕业设计的中期答辩还组织师生们一同参加了在清华大学举办的"全国高校首届老年建筑研究学术论坛"，旨在"联合"过程中，鼓励师生们跨学科联合学习，建立不同专业视角，全面、综合地分析、解决问题的设计观。大家从邀请的从事养老领域的专家们的讲座中收获了很多书本中得不到的经验与知识。

（2）"过程为导向"教学方法的实践

"过程为导向"是教师将设计实践的研究过程完整、直观地呈现给学生的一种示范式教学方法。它要求老师转变角色，成为学生中的一员，尽可能参与研究，不仅示范具体的技术手段，更要亲自深入一线研究全过程。"过程为导向"的教学要与传统的"看图指导"教学相结合，不但老师"看"学生的"图"，而且学生也"看"老师的"图"。在这个过程中，老师"身体力行"将方案完整的思考和研究过程，包括设计挫折、反复和应对策略呈现给学生，由此引导学生建立整体性、系统性和条理性的设计思维和方法。

（3）从"教研相长"到"博采众长"的提升

本次毕业设计结合各校老师们自身科研及兴趣方向，引入初步的"研究性"内容，强调以"调查""研究"和"逻辑思维"为基础的建筑设计技能训练，使设计变得更加"可学""可教""学研融合"。教师将科研所关注的先进理念及方法带入教学，有效地推动了课程组织的完善和知识更新。同时，教学部分成果在某种程度上也为科研提供基础数据等研究资料，提高科研成果转化效率。

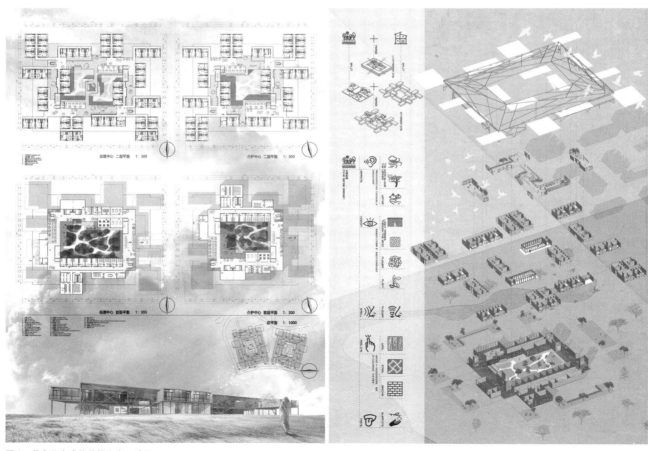

图6 养老公寓建筑单体方案设计展示

图7 自闭症儿童学校建筑单体方案设计展示

　　多校联合毕业设计最为重要的意义在于师生们都能够在教学、科研、专业能力上取长补短，博采众长。本次毕业设计选题"老幼福祉设施"涉及的建筑类型多、功能复杂、规范限制多，学生们单靠看资料集或收集案例是难以有效推进设计的，而在 workshop 工作营期间，老师们将各自科研专长通过讲座、讨论、评图的形式将相关工程经验、适老建筑理论、国内外福祉设施调查，养老政策趋势等知识共享给师生们，同学们通过"实战"建立"协作"能力，以此交流不同学校个体间的设计认知与能力特征。鼓励联合学习，建立不同专业视角的研究，提供师生们共同分享的平台。

7　结语

　　通过本次联合毕业设计课程我们得到一些经验总结，首先是选题很有挑战性，难度大，工作量饱满，锻炼了学生们的思维和思辨能力；其次是学生们通过这个设计，关注了人的行为和社会问题，学会了调研和解决问题的能力；最后，多校联合使学生看到自己与其他学校的差距，得到启发，同时发奋努力，有动力做好这个设计。学生们反映通过本次联合毕业设计收获了知识，增强了信心，也学会了如何在设计中与研究相结合。

参考文献：

[1] 胡惠琴，赵怡冰．社区老年人日间照料中心的行为系统与空间模式研究 [J]．建筑学报．2014(05)：p70—76．

[2] 周颖，孙耀南．医养结合视点下可持续居住的老年住居环境的设计方法 [J]．建筑技艺．2016(03)：p64—69．

[3] 张宇，范悦，高德宏．多元化联合毕业设计教学模式探索——以"新四校"联合毕设为例 [C]// 张宇，范悦，高德宏．2017 全国建筑教育学术研讨会论文集．2017：p39—42．

[4] 薛春霖．教"学做研究"——浅论建筑设计课示范式教学方法 [C]// 2017 全国建筑教育学术研讨会论文集．2017：p161—164．

[5] 李华，汪浩．面向老龄化社会的建筑设计教学尝试——老年公寓及社区综合养老设施研究设计 [C]// 2017 全国建筑教育学术研讨会论文集．2017：p636—640．

作者：李翔宇，北京工业大学建筑与城市规划学院副教授；乔壬路（通讯作者）天津大学硕士研究生；胡惠琴，北京工业大学建筑与城市规划学院教授

幼儿园建筑"模块化"设计教学探索

——西安交通大学人居学院建筑系模块化建筑营造工坊教学实践

马立　冯伟　周典　贾建东

Teaching Exploration of "Modular" Design of Kindergarten Architecture
——Teaching Practice of Modular Architecture Construction Workshop in the Department of Architecture of School of Human Settlements and Civil Engineering Xi'an Jiaotong University

■摘要：文章将"传统型"幼儿园进行层级拆分，并总结归纳出各功能空间的尺寸取值范围。结合取值范围给出的数值以三种方式设定了作为组合基础的"基元"模块，并以三种类型的"基元"模块组合方式探讨了幼儿园建筑形态与空间的数理组合问题，进而为一种新类型的设计方法探索打下基础。

■关键词：模块化　幼儿园　模块拆分　模块协调　模块组合

Abstract: "Traditional" kindergarten is divided into each functional module in the article, and it summarizes the size range of each functional space. Combining the numerical values given in the range of values, it sets the "primitive" module of three ways as the basis of the combination, and the combination of three types of "primitive" modules is used to explore the mathematical combination of kindergarten architecture and space, which is further laying the foundation for a new type of design approach.

Key words: Modularization; Kindergarten; Module split; Module coordination; Module combination

　　西安交通大学人居学院建筑系设计课的教学方式目前依然与国内大多数建筑院校（"老八校"已经开始逐渐进行"空间教学法"的教学改革）相同，正如香港大学顾大庆教授曾多次提到过的，秉承了我国长久以来的"布扎"式教学方式[1]。建筑设计课的教学以使学生接触、有一定认知、掌握不同类型建筑的设计过程为目标，分别在低年级和高年级将不同类型建筑的设计题目以"假题假做"或"真题假做"的方式进行演练。低年级以小型公共建筑为主，如大一、大二设计书报亭、社区活动中心、幼儿园等；高年级以大中型公共建筑为主，如大三以博物馆、酒店为主，大四、大五以影剧院、商业综合体等为主，其中幼儿园专题的设计一般在大二年级的第二学期进行。孰知，各种类型建筑只局限在本科阶段教学则无法穷尽，学生往往只学到了有限几种建筑类型的设计及处理方法，而缺乏一种"一以贯之""触类旁通"的操作要领。2017—2018学年的第二学期，在学校推行"产学合作"的遵旨下，建筑系计划进行教学改革，拟将课程设计教学与实际工程项目相结合，以培养学生通过实际项目的接触与参与提早适应社会需求的能力。恰逢西安交通大学教育投资公司与陕西省教育厅联合，计划在西安市周边乡镇拟建乡镇级幼儿园项目的契机，建筑系有幸得到这一设计任务的前期研究工作。基于项目以快速施工、尽快投入运营的要求，本着校企合作、教学改革的目标，建筑系提出了"模块化"设计理念，并以本学期正在开展幼儿园专题设计的大二年级为基础，从现61、62两个班（大二年级）抽调基本功较为扎实的10名学生组成"模块化建筑营造工坊"，着重训练学生在"传统型"[2]幼儿园设计的基础上，对于"模块化"幼儿园的专项设计训练。

1 "传统型"幼儿园的解析过程

模块化建筑营造工坊的教学主旨是在"传统型"幼儿园设计课程基础上的拔高与提升，使学生在掌握"传统型"幼儿园设计一般流程的基础上更要掌握对于"模块化"幼儿园——这一特殊建筑形态的处理与操作方法。而其中对于"传统型"幼儿园设计方法的充分理解与掌握甚为关键，关系到如何在常规设计基础上进行拓展与演绎，并对建筑空间与形态进行聚类。基于此，结合课程设计任务书，在其余同学应用传统设计方法完成这次幼儿园设计的同时，营造工坊中的学生与其他同学共用同样一份设计任务书，在设计的前期阶段将会承担比其他同学更为繁重的工作量，以给后期的"模块化"设计打下基础。由此，在课程的前两个学时，让10名学生划分为三个小组，其中第一小组（3人）负责已建成"传统型"幼儿园案例的收集；第二小组（3人）负责"传统型"幼儿园中各功能空间尺寸及尺寸范围的整理；第三小组（4人）负责模块化建筑案例（不局限于幼儿园类型）的收集。

1.1 模块层级拆分

经过反复的数据收集与大量的实际案例调研[3]（图1），结合《幼儿园设计资料集》《托儿所、幼儿园建筑设计规范》JGJ 39—2016等一些辅助设计资料中的阐述，"传统型"幼儿园一般分为"幼儿生活用房""服务管理用房"和"供应用房"几大功能[4]。其中，幼儿园的生活用房由幼儿生活单元和公共活动用房组成，幼儿生活单元即为通常意义上的班单元，属于幼儿园建筑设计中的核心，包括活动室、卫生间、盥洗室、寝室、衣帽间等基本功能空间；而公共活动用房包括教学中的公共活动功能用房——多功能活动室、一般教学用房——教室、练琴房等。服务管理用房包括警卫室、教师值班室、园长室、财务室、教具制作室、储藏室等功能空间，除此之外，还包括教师办公所需的会议室、办公室以及能对幼儿身心健康给予及时检测的晨检室。供应用房通常包括解决幼儿用餐功能的厨房、消毒室、洗衣间、开水间、车库等功能空间。以上诸功能空间可以说是幼儿园建筑中的必备功能，也是最基础的必不可少的功能需要，而除此之外，类似于综合游戏室、科学启蒙室、图书室、美工室等公共功能可视幼儿园的需要酌情添加。

"传统型"幼儿园的解析过程亦可看作"解体"过程，即在研究"传统型"幼儿园各组成功能空间的基础上将各功能空间打散并进行聚类，按照功能需要、空间构成关系等进行重新分配。因此，首先将幼儿园建筑中必需的功能空间提炼出来并加以解析是对"传统型"幼儿园建筑"还原"研究的基础。依据主要功能空间的提炼与萃取，可将"传统型"幼儿园建筑的功能空间进行层级拆分，如可将完整的幼儿园建筑首先划分为"生活用房"模块、"服务管理用房"模块、"供应用房"模块，而再向下一个层级拆分，"生活用房"模块可拆分为"寝室模块""活动室模块""盥洗室模块""卫生间模块"；服务管理用房"模块可拆分为"卫生室（晨检室＋保健观察室）模块""多功能活动室模块""办公室模块""会议室模块"等；"供应用房"模块可拆分为

图1 营造工坊学生对"传统型"幼儿园的实地调研

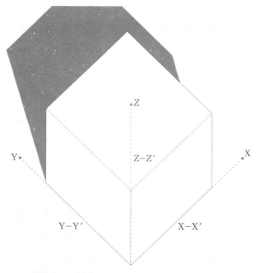

图2 模块单元取值范围示例

系限制（支承功能单元的结构体系具有跨度、承载力等的限制）、围护体系施工需求（如结构层之外往往附加保温层、防水层、饰面层的要求）、室内内装的尺寸限制、室内家具布置的尺寸要求、人体工程学数据要求、人在空间中的活动范围等，其开间、进深、层高的取值应有一个限制范围（图2）。在设计规范建议的面积下（设计规范中规定的面积通常为以单个人占用面积乘以总人数推算出来的总建筑面积），原则上 XY=Z（Z 代表功能单元的建筑面积）等式中会出现开间与进深两个变量，而两个变量的乘积要达到一个固定值，理论上应有很多符合开间与进深要求的数值，但基于以上的分析，开间、进深的尺寸取值如要满足"适合"的需要，并且还需满足建筑中的尺寸取值要求，其取值应有一个大致的取值范围，并且一般情况下层高的取值要求更加有限，往往局限在范围更加狭窄的数值段内。

"厨房模块""消毒室模块"等。接下来，则需要依据收集到的幼儿园案例、《幼儿园建筑设计资料集》《托儿所、幼儿园设计规范》、实地调研的幼儿园建筑等整理出在"传统型"幼儿园建筑中的各功能模块空间的常用面积、尺寸范围等，以便留作设计过程中的模块组合协调的参考范围。

根据课程设计给定任务书的要求，本次幼儿园设计的班级规模控制在 9 个班[5]，而在《托儿所、幼儿园建筑设计规范》JGJ 39—2016 中明确指出了幼儿园每班人数的限制。因此，以 25~30 人／每班的标准进行大量的案例收集，并对其每一功能单元的尺寸详加统计，再配合幼儿园建筑设计资料集中给出的功能单元尺寸范围，在符合幼儿园建筑设计规范的前提下，可将各功能单元的开间、进深、层高的取值给出一个大致的范围（表1），

1.2 "功能空间"尺寸统计

通常情况下，任一功能单元由于考虑到结构体

功能空间尺寸范围（以 25~30 人／每班的 9 班制幼儿园为例）　　表1

模块层级拆分的尺寸范围			
"生活用房"模块			
	建议面积（每间 m²）	尺寸分配（单位：厘米）		
		开间尺寸范围	进深尺寸范围	层高尺寸范围
寝室	54	9900~8000	7200~4600	3300~3900
卫生间和盥洗室	15	8000~4000	4000~2000	3300~3900
衣帽储藏间	9	3000~2000	2000~1680	3300~3900
活动室	60	10800~8000	7500~6000	3300~3900
"服务管理用房"模块			
	建议面积（每间 m²）	尺寸分配（单位：厘米）		
		开间尺寸范围	进深尺寸范围	层高尺寸范围
多功能活动室	120	14400~13100	8400~12000	3900~4500
卫生室（晨检＋观察）	20	4200~4000	3300~3000	3300~4200
办公室	115	5700~5700	3600~3600	3300~4200
会议室	25	7600~7600	5700~5700	3300~4200
门卫室	18	5100~4400	3200~3000	3300~4200
公共卫生间	20	6100~5100	5700~3000	3300~4200
供应用房模块			
	建议面积（每间 m²）	尺寸分配（单位：厘米）		
		开间尺寸范围	进深尺寸范围	层高尺寸范围
厨房	90	16200~12000	10500~6900	3300~4200

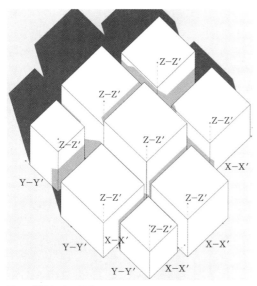

图3　模块组合取值范围

通过以上表格可以清楚地知道每一功能单元在开间、进深、层高方向上的大致取值。依照模块层级拆分所述，整个建筑可以视作为将各个功能单元打散的、在三个维度上具有尺寸取值范围的模块单元，并且整个幼儿园建筑亦可视作由不同尺寸范围的模块组合而成（图3）。

2　"模块化"设计方法阐述

　　笔者曾参与了国家自然科学基金《基于低碳目标的建筑"设计与建造"模块化体系研究》（项目负责人：孔宇航；项目批准号：51378333；2014.01-2017.12）的研究过程，其中探讨了利用模块化方法将建筑系统中设计与建造进行有效整合的基础层面的方法论问题。"模块化"问题的研究最早在制造业领域展开，模块被视作一种相对小的、可独立进行功能设计的半自律子系统，而"模块化"的过程则是半自律子系统和其他同样的子系统按照一定的规则相互联系构成更加复杂系统的过程。相较制造领域，建筑行业针对"模块化"问题的探讨则势必要归结到形式与空间层面，由于当下建筑学处理空间问题基本上仍归属于欧几里得几何体系下，处于人们视觉认知可控的层面，因此与制造业领域或其他领域针对模块化问题的研究不同，笔者以为，建筑领域的"模块化"过程实则是在探讨如何在建筑的实体层面找到一种能够协调各种实体构件取值的规律或规则，以及如何在建筑空间设计层面找到一种能够控制各功能空间的形式法则。

　　按照模块化建筑先拆分、再协调、后组合的思路，根据当代建筑设计理论中"系统论"的观点，可以将建筑设计体系看作结构体系、围护体系、内装体系、设施设备体系等分体系的集成设计。模块"化"的过程并非仅仅追求形态上的"块"型（形态与空间上的"晶胞"组合感，并非只有"块"型，有可能

还会出现非线性等其他形式），而更在于"化"的过程，这样的过程则旨在探索建筑有形体系中如结构体系、围护体系、内装体系、设施设备体系等的统一化规则与秩序，以及原初拆分的各功能空间经重新组合后的统一化组合方式与呈现样态。因此，总结起来，模块化的过程实则是将复杂系统分解为相对独立且标准的模块，逐层建立准独立的模块系统、子模块系统，形成模块化的层级结构体系，并通过统一的设计准则对这些分解的模块进行再设计与再加工，以使其达到受统一约束法则约束与控制的有序状态，进而通过一定的组合秩序，上一层级的模块通过对下一层级的子模块的选择性集合，最终得到不同类型结果的过程，以满足不同用户对成果的个性化需求，并通过需求的反馈不断优化系统。而决定其相互间约束法则的主要因素则有负责尺寸协调的模数体系、统合形态与空间的数理组合关系，模数体系协调的过程则是在结构体系、围护体系、内装体系、设施设备体系等之间找到共通的尺寸"约束法则"，形态与空间数理组合统合的过程则是在不同功能空间之间找到共同的形式"限制条件"。

3　模块的"协调约束"过程

3.1　"基元"模块

　　幼儿园建筑中最核心的功能空间为班单元，设计过程往往以班单元的秩序性排列构成幼儿园建筑的"类型特征"，因此，班单元空间的设计往往成为幼儿园建筑设计中的重中之重。如前所述，班单元功能空间通常由"活动室""盥洗室""卫生间""寝室""衣帽间"几大功能区块组成，依据之前的模块层级拆分操作，模块化设计过程中需要首先将班单元整体进行拆分，而以"还原"的视角将"班单元整体"视作五种类型功能模块的集成，也即幼儿园建筑的模块化设计转化到班单元中五种核心功能模块的不同层次组合上。此种意义上，拆分成的五种功能模块均可视作"基元"模块，而"基元"模块可以成为构成其余各个功能空间的组合基础，各个功能空间与"基元"模块之间产生数理倍数关系，也即探寻由多少个"基元"模块组成一个完整的功能空间，从而能够确立"基元"模块与各个功能空间之间的数理组合规则。因此，首先应从以上整理的表格中筛选出五种"基元"模块的尺寸范围，之后从尺寸范围中定义出适合作为"基元"模块尺寸的具体数值，进而能使五种"基元"模块的尺寸数值之间受统一模数体系操控，并使得五种"基元"模块在形态与空间上构成比例关系。之后从五种"基元"模块中进行筛选并组合，以形成以下几种组合方式。

3.2　"基元"模块的构成方式

　　依据现有班单元的功能组成，班单元可以作

为整体形式存在，内部不做出任何分割；也可以将五种功能单元打散，或选择一种作为"基元"模块，或进行组合以获得"基元"模块。例如，可以将盥洗室、卫生间、衣帽间与活动室进行整合，作为一个整体以用作"基元"模块，寝室单独作为"基元"模块，从而获得两种"基元"模块；除此之外，彻底打散的五种功能单元也可以各自独立，如此则可获得多种"基元"模块。此种意义上，找到"基元"模块所代表的空间并确定其三个维度上的尺寸就成为模块化幼儿园设计的核心要害。根据"活动室""盥洗室""卫生间""寝室""衣帽间"几个功能模块的组合方式，作为"基元"空间的模块组合方式存在以下几种类型。

第一种组合方式在班单元中不打散任何功能单元，使"活动室""盥洗室""卫生间""衣帽间""寝室"五个区块集成在一起，将班单元整体视作"基元"模块，其他如音体室、入口门厅、办公室、会议室、厨房等功能空间，根据面积要求、尺寸数据等找到与"基元"模块之间的空间比例关系。以"基元"模块为最基本的构成模块（基础模块），探寻其他功能空间由几个最基本的"基元"模块所构成。在符合设计规范与面积要求的前提下调整各功能空间的尺寸数值，使之与已经设定好的"基元"模块进行匹配，使以上诸功能空间也能纳入已经设定好的模块单元的倍数组合中（图4）。

第二种组合方式将"活动室""卫生间""盥洗室""衣帽间"四者集成为一体，与"寝室"分离，使"寝室"成为独立模块只提供就寝功能，于是形成两种"基元"模块。在出现两个"基元"模块的情况下，则要首先探寻作为最基础的两个"基元"模块之间的空间比例关系，以细分网格线的形式将两个"基元"模块进一步细分，网格线即为三个维度上控制进深、面宽、层高的工具，可以看到进深占几个网格、面宽占

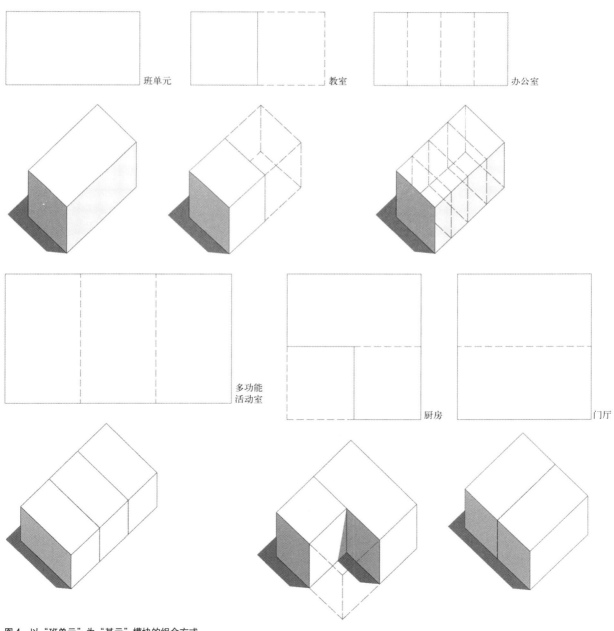

图4 以"班单元"为"基元"模块的组合方式

几个网格、层高占几个网格，并将不能纳入网格体系中的"基元"模块部分去掉，前提是两个"基元"模块中网格线的取值应相同。随后使多功能活动室、办公室、厨房、入口门厅等功能空间找到与两种"基元"模块中一种之间的空间比例关系，于是各类型功能空间相互之间均能产生相互约束的空间比例（图5）。

第三种组合方式将"活动室""卫生间""盥洗室""衣帽间""寝室"等多种功能单元彻底打散，于是原则上会出现多种类型的"基元"模块，但其中可将"活动室"与"卫生间"或"盥洗室"及"寝室"之间找到共同的"约束关系"，依据统一的模数操控体系及空间比例关系进行组合。此种情况下，作为"基元"模块的功能单元较多，因此可首先探寻多个"基元"模块相互之间的空间比例关系，使多个"基元"模块之间首先产生关联。如由多少个"卫生间"模块构成"活动室"模块或"寝室"模块，或由多少个"盥洗室"模块构成"活动室"模块或"寝室"模块等（图6）。之后将多功能活动室、入口门厅、办公室、会议室、厨房等功能空间依据功能空间尺寸范围（表1）选定一个固定的尺寸数值，并与"基元"模块空间进行调和，调整到既满足各类型功能空间的尺度需要，同时又不失去模块化空间数理组合特性（图6）。

4 模块的"数理组合"过程

4.1 一种"基元"模块

按照以上的分析，只存在一种"基元"模块的情况下将班单元作为整体，记作模块A。学生李匡骐的设计过程尝试了将班单元整体作为"基元"模块的情况（表2）。为了能使班单元中包含的各项功能单元如活动室、卫生间、盥洗室、衣帽间、寝室能共同容纳于模块A中，模块A选择了13.5m×7.5m的尺寸单元。设计进行中先将班单元中所要容纳的功能纳入尺寸控制中，随后寻找模块A与多功能活动室、门厅、厨房、会议室、练琴房等功能空间之间的组合关系。如门厅空间可由两个模块A构成，厨房、员工餐厅、会议室、练琴房则分别由一个模块A构成，教师办公室亦由两个模块A构成，之后再进行内部空间的分割。以下表

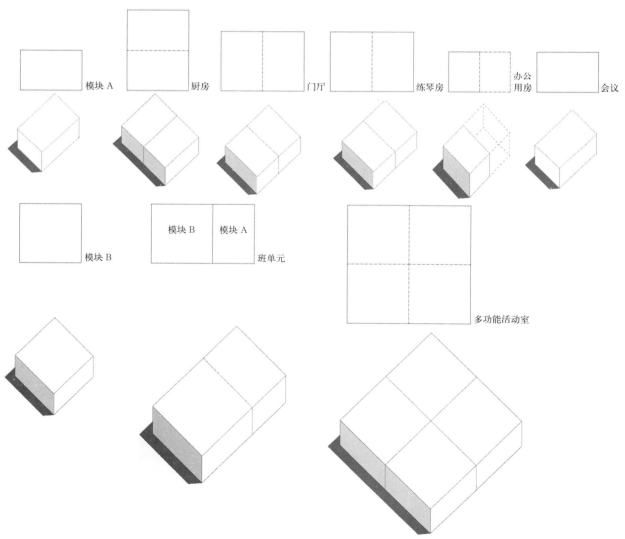

图5 出现两种"基元"模块的组合方式

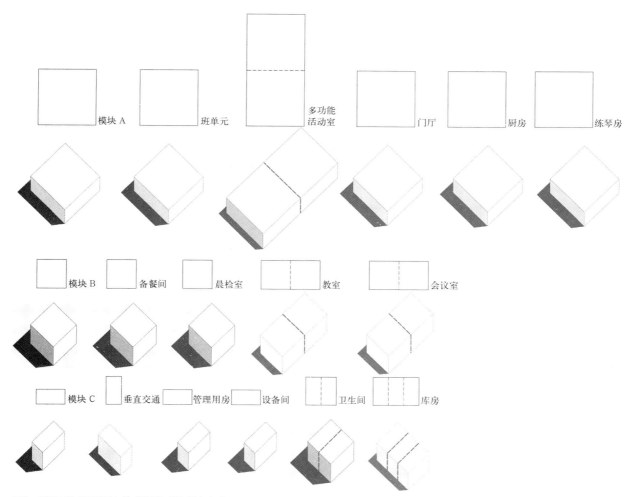

模块A　　班单元　　多功能活动室　　门厅　　厨房　　练琴房

模块B　　备餐间　　晨检室　　教室　　会议室

模块C　　垂直交通　　管理用房　　设备间　　卫生间　　库房

图6　出现三种或三种以上的"基元"模块组合方式

格中列出了各功能空间与"基元"模块A之间的组构关系，据此便可获得所设计建筑中任何功能空间的形式及尺寸数值（表3）。在此基础上，依据场地条件（以任务书中给出的场地为准），考虑设计中的影响因素（如班单元相互之间错动布置、班单元与室外活动场地的相互关系，建筑入口统领各班单元空间、其他活动空间与办公管理空间集中设置等）、生活用房、服务管理用房、供应用房三者之间的布局，满足设计中各项技术指标要求（如绿地率、建筑占地率、退线要求、日照要求等）来进行各功能模块的排列与组合，于是可以看到经过多轮推敲与协调以后所呈现的方案效果（图7、图8）。

4.2　两种"基元"模块

此种情况下将"活动室""卫生间""盥洗室""衣帽间"集成为一个体块，记作模块A，"寝室"单独为一个体块，记作模块B。学生叶凯威的设计过程尝试了存在两种"基元"模块的情况。其中模块A取9m×6m的尺寸数值，模块B取9m×9m的尺寸数值，在开间方向上模块A与模块B的取值相同，进深方向上模块A=2/3模块B，由于同一个班单元中活动室与寝室层高取值通常相同，因而在层高方向上模块A与模块B的取值亦相同，于是可以首先很清晰地获得两种"基元"模块的尺度关系（表4）。在此基础上，门厅、厨房、练琴房由两个模块A组成，多功能厅由五个模块A组成，教职工餐厅、会议室、办公室则各由一个模块B构成。得到各功能空间与两种"基元"模块的组构关系后，算是获得了建筑中各功能空间之间的配比关系，此时整个建筑体可以看作是由多个"基元"模块各自拼合在一起的"形式"块组成。

确定了最初的"基元"模块A与B之后，根据功能特征与面积需要，便可将其他功能空间通过"基元"模块的数理加合或倍增方式组合出来。其中幼儿园的公共活动部分中门厅空间选取了12m×9m的尺寸，可以看作两个模块A的加合；晨检/医务室选取了6m×9m的尺寸，可以看作由一个模块A构成；会议室、特殊训练教室、教职工餐厅亦可看作由一个模块A构成；练琴房、厨房均选取了12m×9m的尺寸数值，均可视作由两个模块A构成；办公室、公共卫生间及垂直交通空间由于选取了4.5m×6m的尺寸，均可视作由1/2个模块A构成。除此而外，多功能厅可视作由两个模块A及两个模块B组合而成。由此，可以得到由模块A及模块B所组合出的各功能空间的一张表格（表5）。在此之后，根据给定的场地条件，考虑设计

模块A

基元模块

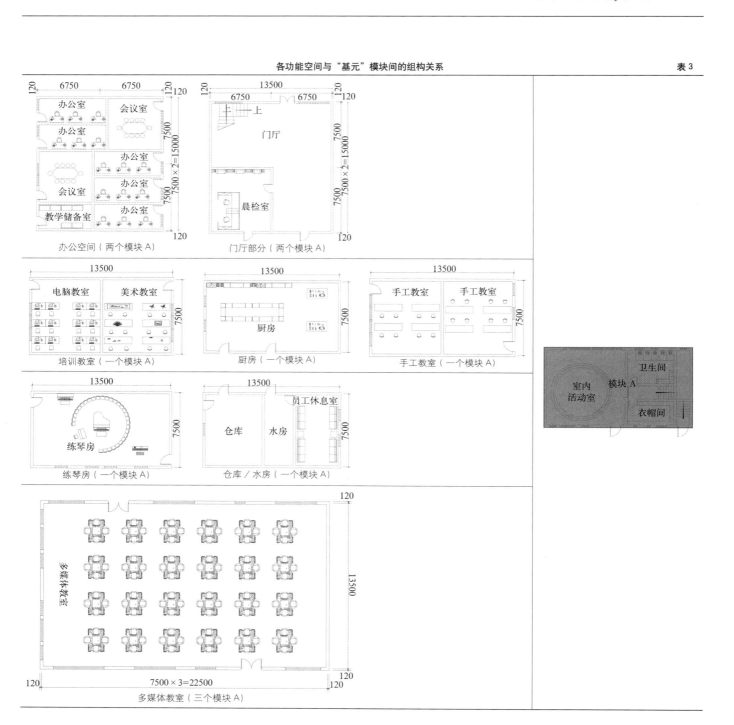

办公空间（两个模块A）

门厅部分（两个模块A）

培训教室（一个模块A）

厨房（一个模块A）

手工教室（一个模块A）

练琴房（一个模块A）

仓库／水房（一个模块A）

多媒体教室（三个模块A）

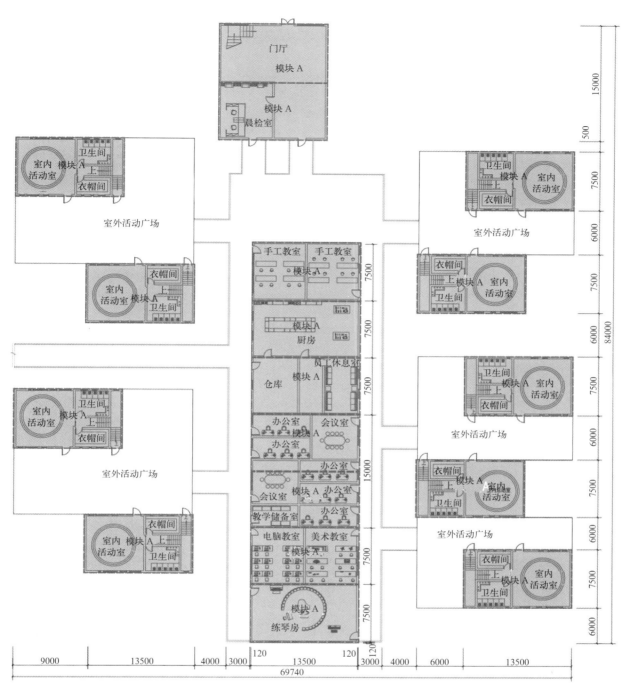

图7　设计方案的"模块化"过程

中的影响因素（如班单元与服务管理用房、供应用房之间的布局设置，班单元的秩序性排布，实体围合基础上夹逼出内庭院，建筑主次入口的位置等）、满足设计中各项技术指标要求（如绿地率、建筑占地率、退线要求、日照要求等）来进行各功能模块的排列与组合，于是可以看到经过多轮推敲与协调以后所呈现的方案效果（图9、图10）。

4.3　多种"基元"模块

此种情况下，从设计一开始不再局限于班单元内部的功能单元，而是综合考虑整个建筑的所有功能空间，并在其中选择三种或三种以上的功能空间作为"基元"模块。学生牛少宇的设计过程尝试寻找了最初的三种"基元"模块，首先将班单元作为"基元"模块A，将作为晨检室空间的功能空间记作模块B，而将作为垂直交通空间的功能空间记作模块C。接着探寻三种"基元"模块之间的数理组合关系（表6）。牛少宇的设计中，为了能使班单元中包含的各项功能如活动室、卫生间、盥洗室、衣帽间、寝室共同容纳于模块A中而选择了12m×12m的尺寸数值，可以先将班单元中所要容纳的功能设计进班单元中，然后尝试对模块A进行拆分。在此基础上，"基元"模块B根据功能及面积要求选择了6m×6m的尺寸单元，而"基

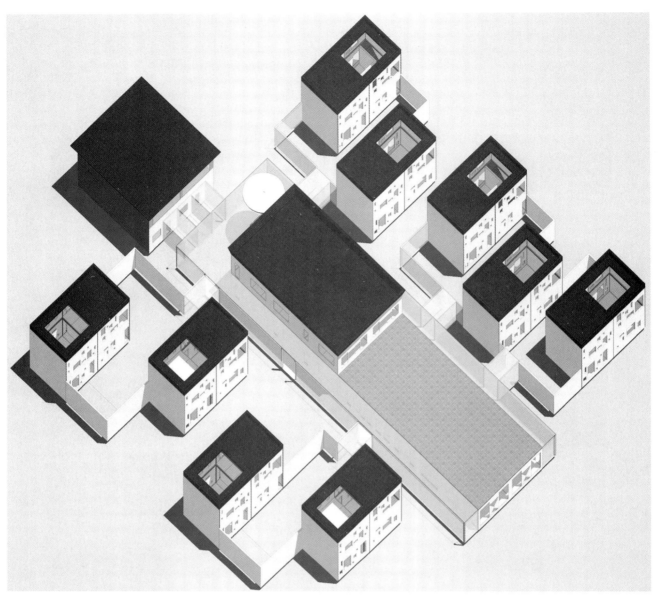

图8 "模块化"方案的形体透视

两种"基元"模块之间的尺度关系 表4

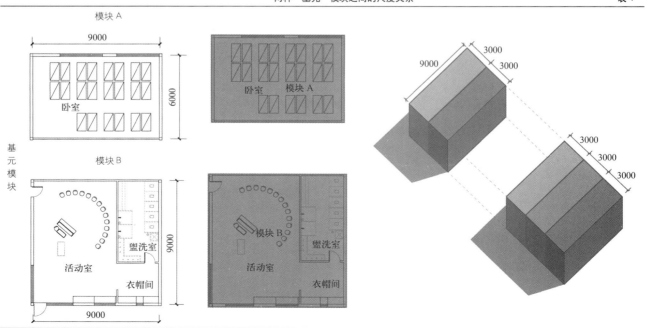

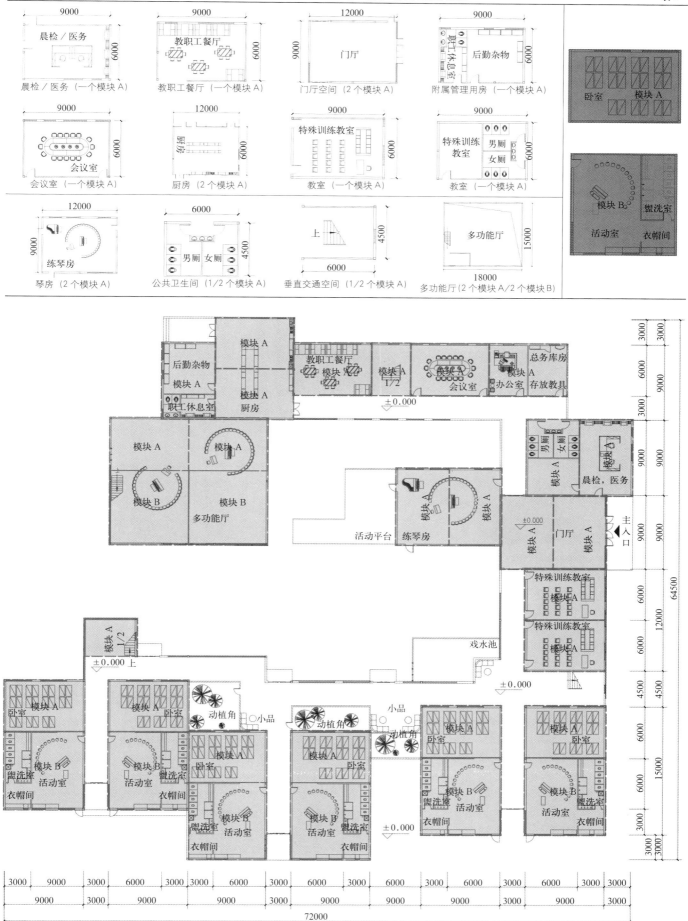

图9 设计方案的"模块化"过程

图 10 "模块化"方案的形体透视

元"模块 C 则选择了 6m×3m 的尺寸单元。如果假定层高一致的话（如果层高不一致的情况下，则要通过网格细分方法在竖向上调整不同层高"基元"模块的取值，将各个"基元"模块在竖向上的取值均纳入统一的网格控制体系，从而能在竖向上产生数理组合关联），"基元"模块 A=4×"基元"模块 B，"基元"模块 B=2×"基元"模块 C，可以找到多种"基元"模块之间相互"约束"的数理组合关系（表 7）。在此基础上，将其他功能单元如多功能厅、会议室、教师办公室、厨房等功能用房依照各自的面积要求，在三种"基元"模块中选择不同类型的模块或其中两个至三个的组合形成其他功能空间。在此之后，根据场地条件，考虑设计中应注意的因素（如班单元、建筑入口位置，为了获得尽可能多的采光量而应设置在南侧、辅助功能空间应设置在北侧）、功能布局设置、满足设计中的各项技术指标要求（绿地率、建筑占地率、退线要求、满足日照条件等）来进行各功能模块的组合与协调，于是可以看到经过多轮推敲与协调以后所呈现的方案效果（图 11、图 12）。

5 结语

传统意义上的设计方法可以看作一种基于二维平面的串行运作流程，从设计一开始设置定位轴线，通过纵横向的定位轴线界定出空间的大致划分，之后加入结构体系，在结构体系的引导下进一步添加界定空间的围护体系，最后在每一个所界定出的空间中次第铺设内装体系、完善其余细节直到最终完成设计过程。而模块化设计操作方法提供了一种有别于传统设计流程的新思路，可以像制造产品一样做设计。其从设计一开始便强调"集成"的概念，因而作为最初选定的"基元"模块甚为关键，起到了最终建成建筑形态与

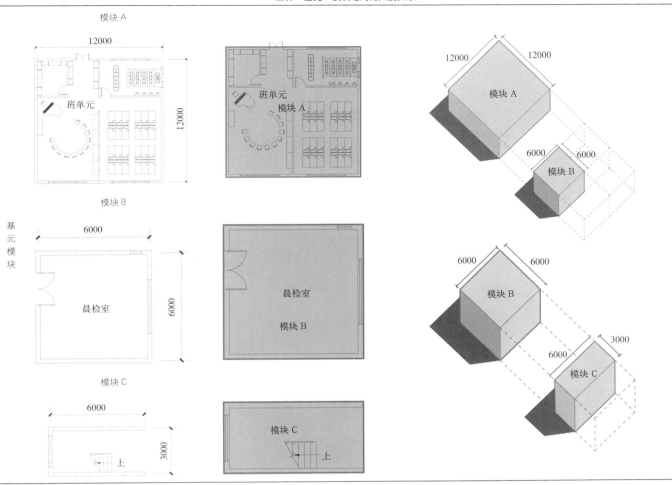

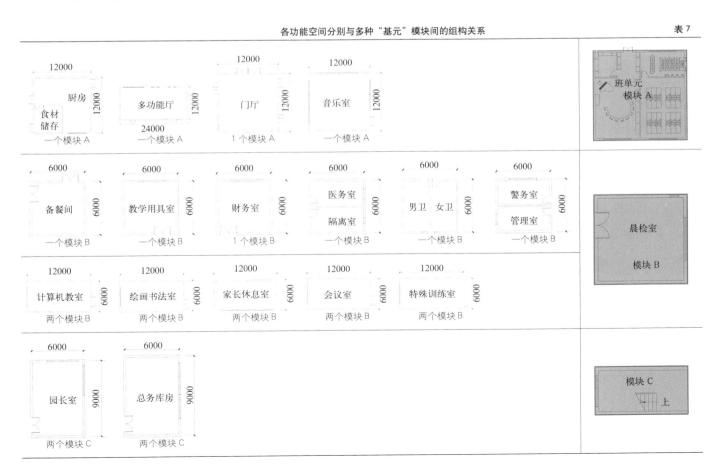

图11 设计方案的"模块化"过程

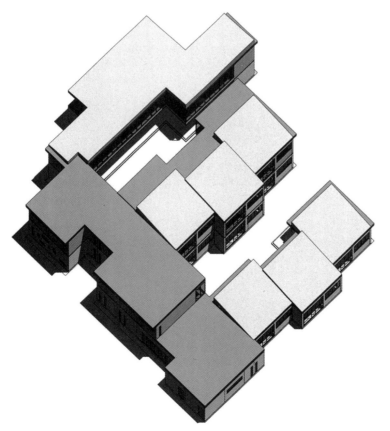

图12 "模块化"方案的形体透视

空间的基础层面决定作用；不仅如此，"装配式"理念亦贯穿设计始终，正如本文所阐述的，在"基元"模块所主导下的"协调"与"组合"正是装配式设计思想的体现。完成此操作过程之后，则要进一步探讨预制与加工，因此再将围护体系等拆分成标准墙板则较为容易。而一旦后续操作中进行工厂化预制与加工、现场装配，则能大大缩减施工周期，进而使得建安成本的节省成为可能，并且由于工厂的机械化生产与加工，能进一步提高制造精度，从而可以有效减少建造误差。

*本文系国家科技基础性工作专项基金项目 (2013FY112500)；国家自然科学基金青年科学基金项目 (51808439)；教育部产学合作协同育人项目 (201702058006)

注释

[1] "布扎"体系在设计方法层面的启示使我国的建筑教育逐渐形成了一种"图画建筑"操作方法，强调建筑类型训练，过多的将关注点停留在"风格"或"形式"上。

[2] 笔者此处所指的"传统型"幼儿园是指依照传统设计方法，并非由严格的模块组合关系而得来的幼儿园建筑。

[3] 笔者团队带领模块化建筑营造工坊中的学生针对西安市内的"曲江春藤幼儿园""蒙台梭利东方新蒙幼儿园""启航双语幼儿园"等分批次进行了实地调研。

[4] 根据中华人民共和国住房和城乡建设部颁布的《托儿所、幼儿园建筑设计规范》JGJ 39—2016 中内容归纳总结。

[5] 西安交通大学建筑设计（一）课程设计任务书 2（幼儿园建筑设计）中给出的综合技术经济指标中明确了本次幼儿园设计的面积要求为 3000M2（±5%），班级规模 9 班，建筑层数 2-3 层。

图表来源

图 1：笔者自摄；图 2- 图 6：笔者自绘制；图 7- 图 8：由建筑 62 李匡骐提供；图 9- 图 10：由建筑 62 叶凯威提供；图 11- 图 12：由建筑 61 牛少宇提供

表 1- 表 7：笔者自制

参考文献：

[1] 卡丽斯·鲍德温，金·克拉克. 设计规则：模块化的力量 [M]. 张传良，译. 北京：中信出版社，2006：13.

[2] 青木昌彦，安藤晴彦. 模块时代—新产业结构的本质 [M]. 周国荣，译. 上海：上海远东出版社，2003：3-4.

[3] 李桦. 住宅产业化的模块化设计原理及方法研究 [J]. 建筑技艺，2014 (06)：82-87.

[4] 刘学贤，刘海. 装配式背景下幼儿园活动单元模块化设计探究 [J]. 建筑知识，2017 (02)：31-32.

[5] 王蔚，魏春雨，刘大为，彭泽. 集装箱建筑的模块化设计与低碳模式 [J]. 建筑学报，2011/S1 期：130-135.

[6] 辛善超. 基于模块化体系的建筑"设计－建造"研究 [D]. 天津：天津大学博士学位论文，2015.12.

[7] 孟建民，龙玉峰，丁宏，颜小波. 深圳市保障性住房标准化模块化设计研究 [J]. 建筑技艺，2014 (06)：37-43.

[8] 张广平，马聪. 装配式住宅模块化设计关键问题探究 [J]. 吉林建筑大学学报，2016 (12)，第 33 卷，第 6 期：57-60.

作者：马立：西安交通大学人居学院建筑系，讲师；冯伟：西安交通大学人文学院艺术系，副教授；周典（通讯作者）：西安交通大学人居学院副院长、建筑系教授；贾建东：西安交通大学人居学院建筑系，讲师

应对新需求的开放式教学平台建构实践

——以建筑专业四年级"创客家"住宅设计课题为例

李琳　袁凌

Construction Of Open Teaching Platform To Meet The Needs of New Era——Micro-experiment On The Architecture Design Of Makers' House

■摘要：本文在当前创新热潮中提出将应对变化中的新需求作为策略研究的出发点，一方面它提供了设计创新的普遍来源，有助于矫正目前在技术突飞猛进阶段中创新的方向；另一方面在新时期，全社会对人才培养也提出了新的要求，如何创新教学内容和方法，锻炼及培养学生快速感知和应对变化的能力成为教育领域的新课题。因而在中央美术学院建筑学院四年级"创客家"的设计课程中，教学团队与国际交流工作营与国内知名建筑设计院共同建构了的开放式教学平台，在教学资源与理念上相互补充与促进，着力提升学生进行城市和建筑设计的综合能力。

■关键词：需求应对　开放式教学平台　创客家

Abstract：This paper focuses on the sources of design innovation, and considers responding to the new demands should be one of the main sources. It will on the one side provide sustained momentum in the era of rapid development, and on the other side rectify the direction of innovation. At the same time, new requests have been put forward on the training of young students, at the design course of "Makers' House", 3 kinds of abilities are planned to cultivate：how to make judgments in complicated environment；how to achieve the self—set goals；and having the will to try and correct errors.

Key words：Need meeting；Open teaching platform；Makers' House

1 引言：将应对时代新需求作为设计创新与教育创新的源生力

1.1 设计创新应对用户对产品的新需求

在人类迅速构建信息文明的新时代，"创新"一词在各行各业使用活跃度骤增，成为当前引领社会发展的重要关键词之一。在当前的设计创新浪潮中，我们一方面可以看到设计技术、建造技术、材料技术的创新所带来物质空间上的突破，以及信息技术的进步给研究人类自身活动带来的广阔前景；但是另一方面，大量打着"创新"旗号，仅仅关注表面形式上的差异化，或者将掌握新的软件技术及表现技术直接等同于设计创新也导致了一定的误区，各种"奇怪"的建筑层出不穷的情况也屡见不鲜，不禁让人时常感叹设计业以及相关文化产业中原创力的缺乏。

然而，从历史上创新的源动力来反观我们这个快速更迭的时代，确实应该是创新土壤最为丰厚的时代：新的社会组织模式、新的生产与服务体系、新的家庭生活方式以及相应产生的新人群、新领域不断出现，这些必定伴随着大量新需求的产生，恰是进行设计创新的绝佳动力源泉。

1.2 教育创新应对社会对人才的新需要

同时，这也是一个因技术大爆发而越来越深知未来不确定的时代，是否有能力应对未来的不确定性，从而有条件去适应社会的急剧变化，引导创新向有利于人类福祉的方向发展，成为新时期社会对人才提出的新要求，也是未来人才能否实现自身价值，收获幸福的重要条件。那么，立足于教育工作，社会对新时期人才的需要也成为教育创新的根本体现。我们发现通过有效的教学安排和过程设计，至少有三种社会需要的能力是可以在不断训练的过程中提升和完善的：

首先是判断力，在复杂巨系统中进行决策的能力，该能力有助于在以碎片化为本质特征之一的信息社会中了解事实真相和自我发展的方向；其次设定自我实现的目标，并能够设定趋于完成路径的能力，这意味着未来对人才能力的需要将不仅仅满足于按部就班的执行力，而更需要人才充分施展发挥想象的创造力，并有实现想法的实际工作能力；最后是试错与纠错能力，这一人类与机器在工作或者思考方式上的重要区别决定了两者的互不可替代性。高等教育发展至今，正在持续地试验与转型，但在技术快速更迭引发全社会多方面深层次动态发展的过程中，较有前瞻性地培养可适应性人才将是教育工作者努力的方向。

2 课题设计目标与工作路径开放式教学平台的建构

建筑设计作为相对传统的行业，在教学领域早已形成成熟的教学模式。但是，我们越来越认识到，为了更好地应对上述创新时代下的新需求，迫切需要将各类教学资源和可能性纳入到原有相对封闭的教学体系之中，以拓展思路和视野，提升人才的适应性和较为全面的设计能力。因此近些年，依托于教学任务，各种教学新手段和新技术、新组织模式层出不穷，将设计课程从"解答试题"的方式向"研究课题"的模式转变也成为一种新尝试和新趋势，笔者在近几年的教学过程中也就此开展了持续的实践[1]，以建构将国际视野和职业素养纳入综合教学体系的开放式教学平台。

2.1 国际交流与城市比鉴——国际视野

"集合住宅"课题是中央美术学院建筑学院本科四年级第一学期建筑与城市专业学生的必修课，在我国讨论住宅设计问题，绕不开城市整体密度较高的问题，而较高密度的城市环境是亚洲大部分都市区的显著特征，因此与邻国之间的讨论更具有相互了解和深度比较的必要。2016年在课程开展的前期，笔者邀请韩国仁荷大学研究生院院长Jinho Park教授一行20余人和本组学生开展了为期10日的建筑工作营，双方对北京住宅的建设现状和天宁寺地区自身更新条件进行了实地调研与考察，同学们就调研成果进行了充分交流，相互积极提问与讨论，分别深化了思想，并找到下一步研究的切入点；同时，两国学生也就北京和首尔两座城市住宅产品的异同进行了细致分析，并深入户型内部，发掘出两国对于居住文化和生活细节关注点的区别和相似之处。期间双方师生共同参观了望京SOHO，并邀请扎哈·哈迪德建筑事务所总监大桥谕（Satoshi Ohashi）先生就望京SOHO的设计建造过程和运营情况进行了讲座。（图1—图6）

2.2 职业建筑师合作教学——职业素养

同时，集合住宅设计又是一个实践性较强的课题，无论从规划布局，还是户型设计的层面都需要大量的基础积累。在设计教学环节的过程中，笔者连续数年邀请清华大学建筑设计研究院袁凌所长全程参与教学，希望尝试基于教学大纲，在主课教师主导下，将职业建筑师实践经验纳入教学体系，作为有效补充的教学模式。袁凌所长将其在北京院1A1工作室和清华院多年的住宅实践经验融入课堂教学过程，从另一个角度成为同学们将设计概念深化落实非常有益的向导。经过这几年的教学实践，我们发现来自一线职业建筑师的建议在帮助学生了解设计与生活的关系，建立起相对明确的用户需求与设计成果之间的对应关系等方面具有一定的不可替代性。

2.3 弹性课程与自主性建立——自我反馈机制

近两年来我们将集合住宅的命题设定为"创客家"，以此作为课程微实验的选题。一方面，是为了让学生获得可感知的第一手资料，并从自身角度体会实实在在的用户需求。随着创新创业热潮在全社会的兴起，校园内创业气氛异常活跃，给同学们了解同龄创业者提供了良好契机。另一方面，从当前市场来看，该类产品才刚刚起步，产品的供给明显落后于对产品的需求。经过调研，我们发现目前普通住宅与该群体需求之间存在明显沟壑，因此，是否可以提供设施服务相对完备，有效针对该类人群需求，同时性价比较高的

图1　中韩建筑工作营现场调研　　　图2—图3　工作营集中讨论

图4—图5　参观望京 SOHO　　　　　　　　　图6　工作营合影

图7—图10　清华建筑设计研究院袁凌所长全程参加教学

居住产品，成为本课题研究的主要目标。

　　为了达到上述的研究目标，并在课程设计的过程中切实锻炼学生的自主判断力、设定目标并着力实现的能力以及试错和纠错能力，笔者整体设计了该课程的教学路径：我们在以"做方案"为核心的教学过程中，加入了一个针对市场需求研究的设计前期阶段，通过自主选地、立项可行性分析、制定任务书等阶段了解设计的初衷，预设实现目标，并在整个教学过程中加入设计反馈，邀请一线专业设计师全程跟进，指导设计，同时尤其鼓励同学之间的相互讨论（详见图11）。

3　教学过程研究

3.1　设计前期教学过程分析

　　正如前文工作路径中所述，课题强调对"创客家"这一主题的自主研究，在前面2周的设计前期阶段中，要求同学们根据调研的市场需求明确该类产品一些的主要特点，根据各自的设计对象在北京市内进行选址，分析用地优势、周边环境及交通情况等，完成初步的立项可行性报告，最后在指导教师的协助下制定相应的设计任务书。在这一过程中我们分享了北京市典型地区的住宅建设情况；实地考察了光华路 SOHO，对部分创业者的工作现状进行调研；参观了优客工厂的"东四共享际"，研究了新的将办公、居住、商业活动等能内容复合组织的新设计模式；同时课题组邀请了袁凌所长介绍万科、万达等开发集团对同类产品的研发经验。设计前期阶段的工作内容详见图12。

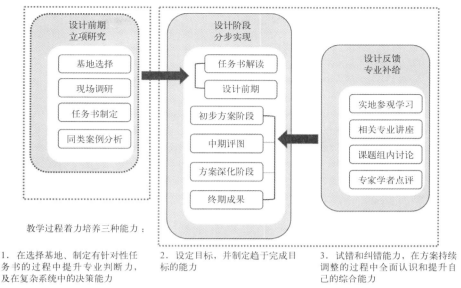

教学过程着力培养三种能力：

1．在选择基地、制定有针对性任务书的过程中提升专业判断力，及在复杂系统中的决策能力

2．设定目标，并制定趋于完成目标的能力

3．试错和纠错能力，在方案持续调整的过程中全面认识和提升自己的综合能力

图11 在"创客家"课题设计中运用的教学路径
图片来源：自绘

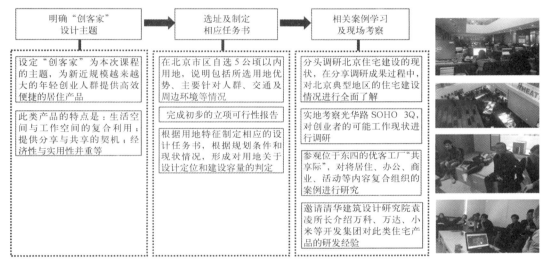

图12 设计前期阶段的工作流程
图片来源：自绘

在此次课题中，同学们既是设计师，同时也是被研究对象，通过对他们最初选址、切入设计的出发点和成果的归类总结，不难看出当今年轻人选择生活地点和产品需求的潜在倾向。首先，从选址来看，有4类地区对年轻人存在较强的吸引力：①高校周边，有4位同学选择了五道口、蓝旗营和花家地等地区；②科技园周边，实现居住与工作短距离的通勤；③老城区，有2位同学选择在老城区对现有建筑进行更新改造，一方面考虑到交通优势，另一方面也希望年轻人的回归能带动老城区的复兴；④城乡结合部现存城中村的改造，也因其存在的价格优势成为一个吸引点。其次，从产品定位而言，大多数同学对提供的产品特点基本有个共识：①户型小，有利于控制总价或租金；②设施全，但考虑部分设施如厨房的共享可能；③方便居住和工作在空间上的复合利用；④提供有效进行互动交往的公共空间。

3.2 设计阶段

设计的前期研究时间大概为两周，在高强度的调研、学习与任务书制定的阶段之后，我们进入了后面八周的具体设计阶段，该阶段仍然由常规的四个任务组成：初步方案、中期交流、深化方案及最终提交成果。但由于每个学生选址及任务书的制定几乎都是为自己量身定做的，因而整个设计过程围绕仔细体味个人需求与设计产品关系而展开，其中有效地检验了设计成果与需求满足程度的关系；同时在教学过程中我们打破了相对传统的一对一点评模式，建立起直接的设计反馈机制，更多地鼓励组内同学之间通过互相点评方案进行充分交流，这种假定与其他设计师或者其他用户共同讨论方案的过程，意在模拟设计师与用户直接对接后反省产品设计效果的情境。同时，邀请在一线经验丰富的住宅设计专家与指导教师共同参与方案

方案初步设计	中期设计交流	方案深入设计	终期设计答辩
时间：第3周~第5周	时间：第5周	时间：第6周~第10周	时间：第10周
对基地周边社会环境、自然环境及建设现状进行再分析	对初步设计方案进行全面考量，整理前期调研成果，方案构想及初步落实情况	确定规划布局形态，完成从规划到单体设计的全过程	完善方案表现，准备汇报展板及设计成果文件
针对任务书的容量要求形成初步规划设计方案，进行方案比较，通过形态设计反推任务书中各指标的可行性	方法手段：组内交流 专家点评	根据设区定位，完善居住与配套的比例，深化相关设计	方法手段：组内交流 专家点评
在布局层面推敲住宅与办公以及公共空间之间的关系、面积比例		进行户型的详细设计，在既有户型研究的基础上，探讨创新户型设计的可能性	
立足住宅产品的开发，明确设计出发点，形成大致的户型设计意向		根据户型设计，反馈建筑单体和规划布局	
方法手段：教师指导 组内交流		完成配套空间设计及区域内整体环境设计	
		方法手段：专家讲座 教师及专家指导 组内交流	

图13 设计阶段的工作流程
图片来源：自绘

讨论，及时弥补同学们市场经验不足、设计规范不了解等问题，保障了设计方案的逐步成熟与深入研究。

4 成果展现

经过10周较高强度的设计训练，这次从需求研究出发的设计带来了两个层面的成果，分别体现在对创客住宅户型的可能性研究，以及对创客社区组织模式的研究，其中包含了对共享服务与交流空间有效性的探讨。

4.1 关于创客住宅户型的研究成果

对创客住宅户型的创新设计更注重集约化的方向，大致有两类主要的设计意图，篇幅有限，取有代表性的进行举例说明：①对最小户型的研究；有些设计考虑到刚创业年轻人的经济承受力，立足在户型设计中从立体空间的角度探讨设施完善的布局模式，并通过家具组合及变化，产生极小户型的机动灵活且实用的可能性（图14）；②对创客共享住宅的研究，既保证个人生活空间的私密性，又在户型内提供厨房、起居室、工作空间等的共享使用。图15方案探讨的就是这样一种平层或者跃层的合住模式，跃层户型实现了楼下起居及办公、楼上生活居住的可能性，可提供3~6人创业团队的集体生活空间。图16将上述两个想法进行了结合，讨论了极小户型对于单个住户和多位住户的可适应性。

4.2 关于社区空间组织模式的研究成果

创客社区除了在户型上要进行有针对性的设计之外，社区的组织关系也要求符合人群的特点，适应年轻人的交往需求，同时充分利用选址环境的地段价值。在资讯越来越发达、创业门槛日益降低的时代，资源间共享及互助成为年轻创业者共同成长的有效途径之一，所以从空间组织的角度帮助和促进营造社区内部的交流氛围是大家讨论的共同议题。

图17中创客社区位于天宁寺地区，该社区的特点是将创客大部分生活功能与办公以及创业产品展示售卖融为一个整体，并在各层通过分类设置了开放性不同的公共空间。

图18的创客社区位于酒仙桥798创意产业园周边，本身有着良好的创业氛围，作者将联合办公及公共生活功能安排在社区的底层环廊，并在环廊屋顶设置健身花园，以便于上层住户的使用。

图19也是将创客社区根据需要分层布局，以充分利用环境，由于选址位于北二环护城河北岸，因此将社区与城市环境融合，用年轻人的创业活动带动老城区的复兴是设计者的基本出发点。

综上，该课程在教学组织的过程中希冀通过构建国际交流、职业建筑师深度参与以及学生自主反馈这三位一体的开放式教学平台，鼓励并激发学生进行设计研究的主观能动性，使他们在深入了解多样的建成环境和复杂建构原理的过程中，不断成熟思想，形成发现并追寻问题，提出策略的思维习惯。我们所处的新时代仍处于快速城市化阶段，但是新时期面临着许多新的挑战和机遇，同时科学技术的日新月异也对新型人才提出了新的要求，因此我国的建筑教学如何能博采众长，汲取国际经验，又能结合我国实际的发展需要，培养对未来保持敏感，具有创新精神的建筑设计师是长时间值得探讨和研究的重要命题。

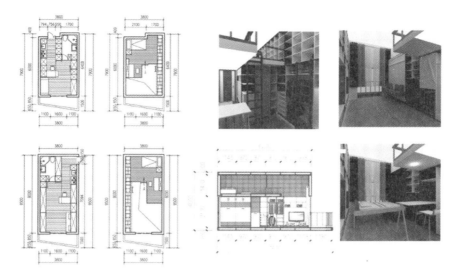

图14　小户型空间复合的整体

设计作者：李惠鹏

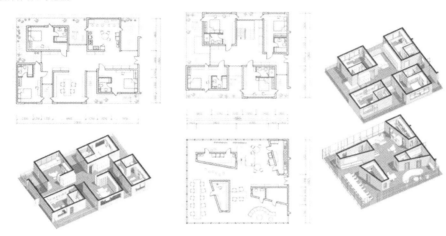

图15　创客共享住宅的研究

作者：黄彪

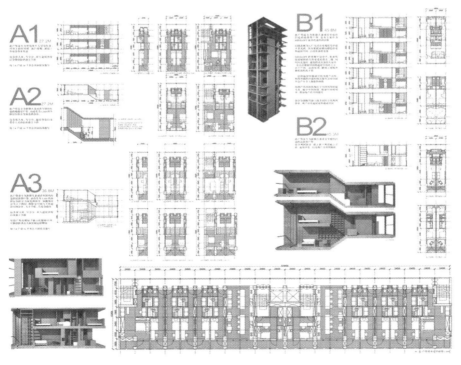

图16　极小共享住宅设计

作者：郭锦达

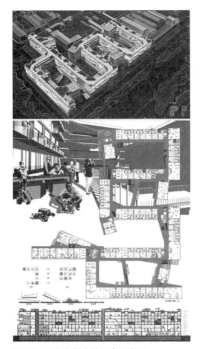

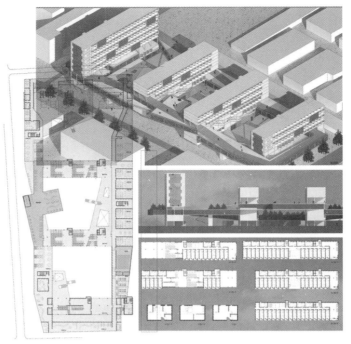

图17　天宁寺创客社区空间布局
作者：蒯新珏

图18　酒仙桥创客社区空间布局
作者：肖天植

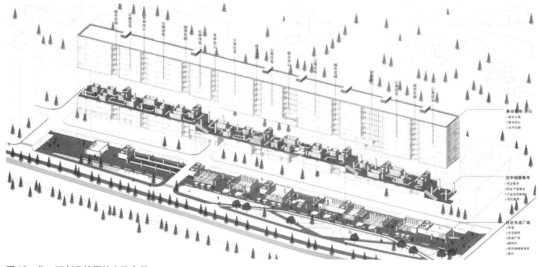

图19　北二环创客社区的立体布局
作者：黄彪

注释

[1]李琳. 从"解答试题"到"研究课题"——以链接过去与未来为导向的北京天宁寺地区住宅设计教学实践. 2016全国建筑教育学术研讨会论文集. 149-155

参考文献：

[1] 胡雪松等. 专业特色框架下建筑设计课程的特色建设策略 [J]. 建筑学报. 2010(10).
[2] 刘志峰等. 建筑学专业研究型教学方法改革研究 [J]. 教育教学论坛. 2015(12).
[3] 陈可石等. 面向未来的建筑教育与创新思维培养——以UCL巴特莱特建筑学院为例 [J]. 建筑学报. 2016(03).

作者：李琳，中央美术学院建筑学院副教授，研究生导师，党总支副书记；袁凌，清华大学建筑设计研究院有限公司副所长，高级工程师，一级注册建筑师

覆盖的空间：空间与结构、营建与表达

——浙江大学建筑学专业三年级大跨课程设计实践

陈翔　陈帆　李效军

The Covered space: space and structure, construction and expression
——the Design practice of large span course for grade 3 of architecture major of Zhejiang University

■摘要：本文以浙江大学建筑学专业三年级大跨课程设计为例，介绍了以创造性地运用大跨结构进行建筑设计作为训练的课题目标，提出了重点在于研究大跨结构的形式和受力逻辑以及与之相对应的空间形态和形体可能性之间的关系（空间与结构层面），同时强调关注建造方式、细部构造和结构美感的体现（营建与表达层面）的教学思路。通过具体的教学实施方案、教学实践过程及成果体会，介绍了以问题为导向、实践导师深度介入、实战对接、团队协同工作、建筑设计可视化表达层面下研究"空间与结构""营建与表达"的有益探索。

■关键词：覆盖的空间　空间与结构　营建与表达

Abstract: This paper introduces the design practice of large span course for grade 3 of architecture major of Zhejiang University, it introduces the subject of training of architectural design by creative using of large span structures. This paper puts forward the teaching ideas of focusing on the research of the relationship between big span structure form, its stress logic and the relationship between space form and form possibility (space and structure level) on the one hand, and of paying attention to construction ways and details and beauty of structure (construction and expression level) on the other hand. It introduces the specific teaching implementation plan, the teaching practice process and achievement experience, and also the beneficial exploration of "space and structure" and "construction and expression" under problem based learning, the guidance of practice tutor's deep involvement, actual combat docking, teamwork cooperation and visual expression of architectural design.

Key words: covered space; space and structure; construction and expression

一、总体教学任务

覆盖更大的空间和建造更高的建筑一直是人类在建筑技术上的不断追求。古罗马时代的

图 1 大跨建筑实例

万神庙是古代大跨建筑的神奇典范，巴黎博览会的机械馆则开启了现代大跨建造技术的先河。钢、索、膜等现代材料的出现，框架、桁架、网架、壳、索、膜、张弦梁、张拉体等结构形式的不断演进，使得今天的大跨建筑拥有了多样的结构技术和丰富的空间表现形式（图1）。

支撑大空间的结构形式对于空间和形体具有控制性的作用，本课程设计以创造性地运用大跨结构进行建筑设计作为训练的课题目标，重点在于研究大跨结构的形式和受力逻辑以及与之相对应的空间形态和形体可能性之间的关系（空间与结构层面)，同时强调关注建造方式，细部构造和结构美感的体现（营建与表达层面）。

二、总体教学要点

(1) 研究不同大跨结构体系对建筑空间和形式的制约以及在此制约下建筑创作的可能性。

(2) 学习选择合适的材料，创造性地运用材料。

(3) 学习正确估算各种结构体系的结构高度与跨度的关系。

(4) 研究节点构造，研究构件之间以及覆盖材料与结构主体之间的连接方式。

(5) 妥善处理建筑与环境、建筑与人的活动的关系。

(6) 学习大比例节点模型制作。

三、教学实施方案（空间与结构—概念模型阶段和营建与表达—节点模型阶段）

1.1 概念模型阶段教学任务

通过 1:200 结构骨架概念模型进行方案构思，建立起建筑空间与结构体系之间的互动关系，研究结构体系对空间塑造的制约与所提供的可能性，以及不同体系空间形式带来的差异与特殊性，寻找恰当的结构体系支撑设计概念，追求空间、形式、结构的一致性。本阶段，每个同学需完成 1 个 1:200 的结构骨架模型参加组内评比，并获得基本成绩。

1.2 概念模型阶段教学要点

(1) 了解实现大跨结构所需解决的力学问题。

(2) 分析各种结构体系的受力特点和工作模式。

(3) 研究如何利用结构特点，构思建筑空间和形式。

(4) 探寻如何发挥结构特点并创造性地使用它。

1.3 概念模型阶段材料工具

木杆件、绳索。

1.4 概念模型阶段过程要求

(1) 选择一种自己感兴趣的大跨结构体系进行研究。

(2) 用这一结构体系制作一个 1:200 的草模，要求覆盖平面面积为 2000~3000 平方米的空间，反映出结构体系的支撑方式，表达出对荷载传导方式的理解。

(3) 在了解结构工作方式的基础上，思考这一结构体系可能产生的变化，并结合对建筑空间和形体的设想进一步发展概念模型。

2.1 节点模型阶段教学任务

以小组为单位，共同优化选定方案；进行构件和节点的深化设计，运用大比例节点模型（≥ 1:10）研究探讨结构细节；共同制作一个 1:20 的整体模型；以小组为单位参加答辩和评审，每个小组成员获得共同的小组成绩。

2.2 节点模型阶段教学要点

(1) 学习如何合理地布置结构构件，如何估算构件的断面尺寸。

（2）深入研究结构构件的工作方式，学习如何设计构件形式和节点构造。

（3）学习如何选择材料，如何利用材料的性能进行设计。

2.3 节点模型阶段成果要求

以小组为单位完成一个1:20整体模型和若干≥1:10的节点研究草模。完成4张A1图纸，内容包括：

（1）总平面图1:300。

（2）建筑平面、立面（自定）、剖面图A 1:150、剖面图B 1:50（必须剖切到地面有起伏的活动广场）。

（3）结构图：结构平面1:150、节点图≥1:10、结构分析图（自定）。

（4）以模型照片表达透视效果。所有图纸均CAD绘图，PS填充。

教学进度安排　　　　　　　　　　　　　　　　　　　　　表1

周次		课时数	内容要求
概念模型阶段	1	4	布置设计任务，大跨结构讲座，确定分组名单（共分6个大组）。
		4	每人完成一个1:200结构骨架概念草模，各大组分组研讨。
	2	8	个人方案发展，探讨多种可能性，完善概念草模。
	3	4	个人完成概念草模作为备选方案。
	4	4	大组内评选，每组按人数的1/2评选出推荐方案。教师组、实践导师、结构老师和其他年级组设计老师，共同讨论并确定每大组3个深化方案。中选方案的同学作为组长负责组建设计小组，继续方案的设计完善和模型制作。
	5	4	以小组为单位修改方案。
		4	小组共同完善方案，点评方案。
节点模型阶段	6~7	16	小组共同完善方案，设计分工；节点设计并试做节点模型（1:20）；建筑功能与造型设计；总图与场地设计；建筑剖面设计等。
	8	8	以小组为单位分工合作，在划定的场地上共同制作正式模型（1:20）+节点模型（1:5~1:10）；共同完成设计图纸。
	9	4	邀请非本课程结构老师，建筑师参加评审，作品展示。

四、教学实践过程及成果体会（以某设计作业为例）

（1）前期建筑草模制作：探索张拉型空间网架体系的稳定性，初步形成平板式的结构体系（图2）。

（2）力学分析：采用双向网架结构，横竖交织，每品互不相连，与预应力拉索共同形成整体网架。上相横纵拉索可抵抗平面内的弯矩，竖向拉索可抵抗平面内的挤压力，斜向拉索可抵抗平面内的剪切力。

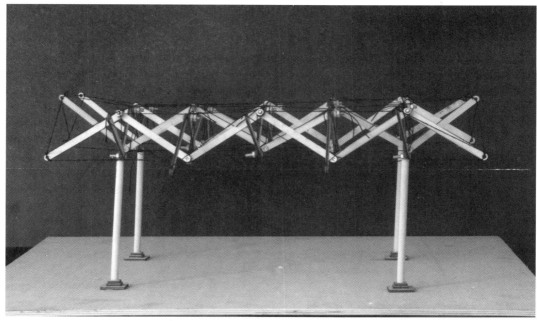

图2　张拉型空间网架

（3）建筑形体探索与结构探讨：从草模阶段的平板式张拉整体网架结构出发，考虑每个节点的铰接特性，结构具有纵向的活动性，探索将平板式网架弯曲落地，成为一个曲面拱形，去除柱子的支撑，将覆盖与支撑统一，达到结构与形式的一体化（图3）。

（4）节点模型如图4所示。

（5）建筑在场地中的形体生成如图5所示。

（6）建筑内部功能优化：内部功能布置为球场两侧设升起式看台，看台下一侧设置器械用房，另一侧看台地基下挖，作为辅助空间，又成为与

图3　探索网架的铰接特性

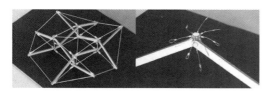

图4　模型节点探索

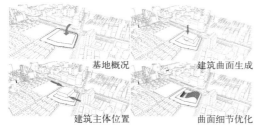

基地概况　　　　建筑曲面生成

建筑主体位置　　曲面细节优化

图5　建筑在场地中的形体生成

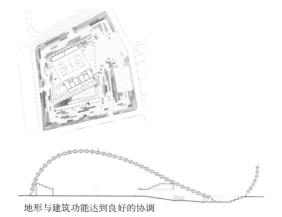

地形与建筑功能达到良好的协调

图6　建筑内部功能优化

最终设计成果
图纸

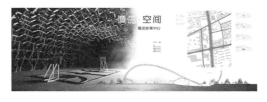

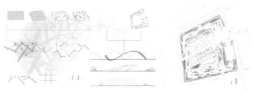

1:50 最终模型照片

图7　最终设计成果

外部下沉广场的一个中间过渡空间，辅助空间的功能做单元集合化布置，将不同性别的淋浴间、卫生间、更衣室集中布置，增加私密性，提高空间利用效率（图6）。

（7）最终设计成果如图7所示。

（8）学生实践体会：

"此次课题对于没有系统学过结构知识的建筑生来说是一次不小的挑战，也是一次大胆的尝试。而我们小组的理念是试图从结构出发，以微元组织起整个空间。空间之美不仅体现在其尺度，更体现在其结构的纯粹之美，体现小尺度的构建与大跨度空间的对比之美。这是我们小组此次课题对于空间和结构的理解。"

"同时此次课题的模型制作和图纸表达我们也都花了很多的心思，模型的制作因为构件的数量多，并且造型有弧度，花费了不少时间和金钱，图纸的表达我们也是推敲了很久，力求简洁美观又不失表达深度。这两个过程是把我们的方案真正做出来的过程，是可视化实体化的展现。胸中虽有丘壑，但要将其画出来、做出来给他人看，这种结构和空间的美才是真正的美、经得起检验的美。所以虽然辛苦，但是当真正完成这些的时候，那种带来的满足感是无与伦比的，也让我们感觉到无比的充实。"

五、对此次教学实践活动的思考

本课程设计的教学方案最终的实施成效非常显著，实践过程充满挑战，师生受益颇丰。本课程设计是2016年浙江省高等教育教学成果奖一等奖的核心课程，还获得了"全国高等学校建筑设

计教案和教学成果评选活动"优秀教案和优秀作业的奖励，不失为一次成功的教学实践案例。回顾此次教学实践活动，除了具备清晰的课题目标、严密的教学思路以及对教学节点的严格把控外，更为关键的是以下几个教学环节的深度落实：

（1）以问题为导向：不同大跨结构体系对建筑空间和形式的制约以及在此制约下建筑创作的可能性？怎样选择合适的材料，并且创造性地运用材料？如何正确估算各种结构体系的结构高度与跨度的关系？构件之间以及覆盖材料与结构主体之间的连接方式？设计伊始，学生就以上述问题为导向进行研究和探讨，并贯穿整个课题的始终。

（2）实践导师深度介入：以往的课程设计，一线建筑师、结构老师的身影往往只出现在设计评图的时间节点。依托新成立的浙江大学建筑规划学科产学研联盟，浙江大学建筑设计研究院为此次大跨设计的每个设计小组配备了一位资深建筑师作为实践导师，实践导师能够引导学生积极关注业界发展的热点问题，同学们在结构骨架概念草模、方案发展直至节点模型的各个阶段，都能向富有大跨设计工程经验的实践导师以及结构老师请教，了解专业发展的最新动态。

（3）实战对接：教学环节中模拟实战化环境，各个教学阶段都安排研讨、答辩、评议环节。评图时实践导师往往扮演甲方的角色，真刀真枪，火药味很浓。

（4）团队协同工作：每个设计老师带一个大组，概念模型后期每个大组通过评选确定 3 个深化方案。中选方案的同学作为组长负责组建 4 人设计小组，继续方案的设计完善和模型制作。小组合作既能保证设计和表现的深度，又培养了学生的组织能力，锻炼了学生协同工作的能力。

（5）强调建筑设计可视化表达的重要性：在建筑设计可视化表达的今天，模型表达的作用本来就是不可或缺的。对于探索空间与结构、营建与表达的本设计课题来说，模型的作用不仅局限于空间和形体的展示。各个阶段的模型制作，在整个设计过程中更是起着主导作用，是设计方案产生、发展、演绎的决定因素。

作者：陈翔，浙江大学建筑系副教授，浙江大学建筑系副系主任，建筑学硕士；陈帆，浙江大学建筑系副教授，浙江大学建筑设计及其理论研究所副所长，建筑学硕士；李效军，浙江大学建筑系副教授，建筑学硕士

互动建筑教学实验研究

——以"界面—行为"为例

孙彤　罗萍嘉　井渌

Research on the Experimental Teaching of Interactive Architecture: "surface-behavior" as an Example

■摘要：本文以一次互动建筑实验教学为例，介绍概念讲授到原型制作再到最终数字技术的全面介入的整个教学过程。本次教学以"界面—行为"为主题贯穿始终，教学的重点落在细部设计与程序算法之上，展现了在继承传统的面向设计案例的教学基础上对数字技术的融合与运用。

■关键词：互动建筑　行为　界面　数字技术

Abstract：Taking an experimental teaching of interactive architecture as an example, the teaching process introduced in this paper started with introduction of concept, followed by fabrication of prototype and finally approaching digital intervention. The theme of this experimental teaching is "surface—behavior". Detail design and computing are emphasized in teaching, which reveals the integration of digital technology based on the heritage of traditional design case oriented teaching.

Key words：Interactive architecture；behavior；interface；digital technology

1　互动建筑教学实验内容概述

2014 年至今，伦敦大学学院与中国矿业大学建筑与设计学院开展了四次关于互动建筑的联合教学实验。笔者作为教师团队的中方主要成员，参与了联合教学的全过程，本文以其中一次联合教学为例，研究探讨互动建筑教学实验的开展实施。本次联合教学分为三个阶段：

1.1　方案形成阶段

讲授部分以概念介绍和案例分析为主，帮助学生形成概念雏形。讲授部分介绍简单的单片机编程，以学生能看懂并使用简单代码为原则，主要让学生掌握简单的电机驱动（如舵机的转动控制）与简单的传感器输入信号（如超声波传感器反馈的距离参数）的使用。成果以概念图纸与模型为结果。模型制作材料以卡纸、木棍等常用廉价模型材料为主，制作方式以手工为主。模型均为静态模型，考虑模型节点的运动性质但不要求在这个阶段能够运动。

1.2 方案深入阶段

模型制作进入原型（prototype）设计制作阶，讲授部分以原型测试辅导为主，主要侧重各个模型的机械运动原理设计。学生自主运用所掌握的舵机控制代码测试机械运动。细化电机驱动部分（以舵机为主）在原型里的装配固定方式。原型模型均为动态模型，模型各个节点机械运动合理，原型节点均采用机械连接与固定方式。模型材料以高密度木板为主，通过 CAD 设计尺寸，全激光切割。

1.3 方案成型阶段

结合展示场地确定形成互动界面的单元数量。讲授部分以计算机编程控制多组原型模型为主，主要侧重运用计算机语言描述动态行为的逻辑。

本次教学实验的题目设定为"界面—行为"（surface— behavior）。行为一词在《牛津词典》中的解释为"人、动物、植物、化学品等等在某种特定情况下的表现或作用"。[1] 自然界的行为多种多样，学生需要观察自然以及自然中的事物是怎样式样适应环境变迁的。界面是定义建筑环境的因素，如顶面、墙面、地面、门窗洞口等。互动建筑的重要研究领域就是建筑的界面与人的互动行为方式。对于学生来说，探究界面互动行为的第一步可以从折纸开始。

2 互动建筑教学实验的过程

2.1 数字技术介绍与方案成形阶段

1. 该阶段的讲授内容主要分为理论案例讲述与 Arduino 平台技术讲解两个部分。理论案例讲述部分主要涵盖三个方面的讲授：自适应性装置艺术与环境响应式建筑[2]；互动性装置艺术与互动性建筑环境；面向互动的建筑行为学[3]。该部分的主要案例有：2016 年里约奥运会火炬与其设计师的风能自适应性装置艺术作品，Theo Jason 的海滩生物的风能自适应性装置艺术作品，阿拉伯世界研究中心、Aedas 事务所设计的阿拉伯 Albahar 塔楼与巴特莱建筑学院师生的互动建筑作品。通过由被动适应性到主动交互性再上升到理论性的系列讲授，学生由浅入深建立起对互动建筑概念的感性认识与理性把握。

2. Arduino 平台技术讲解从介绍其数字端口与模拟端口的特性出发，通过 10 个由浅入深的案例，从对 LED 灯光不同闪烁行为的控制到最终到对舵机的控制。其中舵机的控制是重中之重，以下代码是用电位器控制舵机的旋转角度，将其用于方案深入阶段的原型测试。

```
#include <Servo.h>// 调用舵机控制代码库的参数
Servo myservo;// 创建一个名叫 myservo 的舵机对象
intpotpin = 0;// 定义 0 号模拟端口接收电位器的电压变化范围
intval;// 定义 val 变量接收模拟端口收到的数据
void setup( )
{ myservo.attach(9);// 用 9 号数字端口作为舵机控制的信号端口
}
void loop( )
{ val = analogRead(potpin);// 从电位器读取范围值（从 0 到 1023)
val = map(val, 0, 1023, 0, 180);// 将电位器读取的 0 到 1023 的变化范围——映射到舵机角度的
变化范围 0 到 180 度
myservo.write(val);// 用 val 变量在 0-180 的值定义舵机旋转角度
delay(15);// 等待 15 毫秒留给舵机反应
}
```

3. 对于方案形成阶段的设计研究有两个要求：每组尝试用折纸的方式寻找有趣的界面变化与运动方式；研究自然环境存在哪些变化。借助作业要求带来的研究问题，各组展现出多样的研究结果。一些组找到了有趣的折纸变化，如折叠的屋顶、折扇组；另有一些组明确了某种特定的自然界的变化行为，确定了各自的主概念题，如面向自然界变化的概念主题：飘落的羽毛与涟漪。在这个过程中，指导教师扮演了关键的角色，不仅需要敏锐地洞察学生思维中的闪光点，而且需要有针对性地提供参考范例帮助学生将原本模糊的概念固化下来。

2.2 方案深入阶段

该阶段的设计重点在于为确定的概念找到合适的机械运动作为支撑，为达到这一目的，需要对概念进行抽象深化。根据课程设计，绝大多数的机械运动都可以借助舵机的牵引实现，于是舵机的装配成为该阶段的重点，因此需要按照 1:1 的详图来设计装配方式与牵引方式，并且制作 1:1 的激光切割原型。

利用已经掌握的 Arduino 测试代码对原型进行机械运动测试。

1. 折叠屋顶组受折纸的伸缩性启发，该小组希望达成一种能够上下伸缩变形的折面屋顶，为了突出折面的不同角度对空间的反应，小组决定采用镜面材料。为了使得小组作品具有较好的可实施性与可装配性，指导教师建议将折面单元尽可能简化并且用舵机牵引单元链接的节点以产生上下伸缩的效果。对于该阶段的设计重点，建议用螺栓固定舵机片牵引圆盘的装配方式放大舵机的圆周运动周长以产生明显的竖向牵引位移（图1）。

2. 折扇组受扇形折纸的启发，所选取的折纸方式和扇形折纸有所不同的是该种折叠方式打开后可以充满两边所限定的正方形。根据该方案的特性，采取固定折扇一边与舵机在固定框架，折扇另一端固定舵机方向片的装配方式（图2）。

3. 羽毛组受电影《阿甘正传》片头与结尾处羽毛飘落以暗示主人公人生起伏概念的吸引，该小组计划用漂浮的羽毛组成界面以响应人的运动，技术方面计划以舵机作为轴心带动纸质滚轴转动以牵引羽毛阵上下浮动。

4. 涟漪组对水界面产生的涟漪效果感兴趣，希望能够创造感应从而自主产生涟漪的界面。指导教师建议采用防水舵机在水容器内向下拽动木球以产生涟漪效果，要求组员尝试不同材质和半径的球状物测试所产生涟漪效果的明显程度。该小组经过对泡沫球、乒乓球、木球的实验最终选择了具有合适没入水深的半径2cm 的木球。

3 数字技术全面介入与方案实施阶段

该阶段是数字技术介入的主要阶段，四个小组根据交互方式的不同可以分为两大类：一是利用参与者与单个超声波距离传感器的距离位置关系控制相应舵机（组）产生运动；二是采用多个超声波距离传感器感应对应区域是否有人进入，每个超声波传感器控制一组舵机产生运动。

采用单个超声波距离传感器的距离位置关系控制相应舵机（组）产生运动的小组有：羽毛组（图3）、折叠屋顶组（图4），最终的互动效果为人所在的位置为最高点发生起伏运动。以羽毛组为例，核心算法如下：

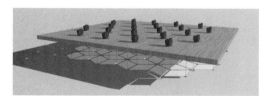

图1 折叠屋顶组计算机三维设计模型

图2 折扇组测试原型实物模型

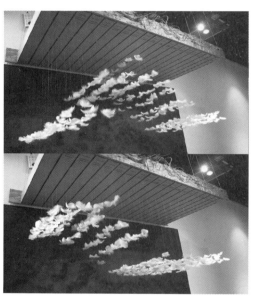

图3 羽毛跟随参观者位置进行上下浮动

图4 折叠屋顶跟随参观者位置进行上下浮动

该模型由 20 个羽毛滚轴组成，分别由 20 个线性排列的舵机组进行控制（数组 servoP[i] 含有 20 个元素）。在模型侧面设置一个距离传感器，将舵机组与距离传感器的位置关系限定划分成 20 个区域（数组 servoDistanceFromProx[i] 含有 20 个元素）。

int wave[] = {2480，2315，2095，1710，1370，995，720，588}；// 定意羽毛波形的起或落曲线数组 wave[] 由 8 个舵机的旋转角度所组成（500−2500 代表舵机旋转 0−180 度）

```
for（int i = 0；i <20；i++）
{// 在 1−20 个舵机中寻找
if（distanceFromProx<servoDistanceFromProx[i] +（cmBetweenServos / 2））
{ nservo = i；// 将舵机数组与超声波传感器返回的距离数组进行比较，选择参观者位置与距离传感的
对应位置所在范围对应的舵机数组中舵机的编号，将这个编号标记为 nservo
    }
  }
      for（int i = 0；i <8；i++）{ // 该部分目标是为了达到人所在位置羽毛起伏最高
if（i + nservo<20）
{servoP[i + nservo] = wave[i]；// 调用羽毛波形的起或落曲线数组 wave[] 给编号 nservo 的舵机位置之
前的 7 个舵机赋予落曲线舵机旋转值
    }
if（nservo − i >= 0）
{ // 羽毛波形的起或落曲线数组 wave[] 给编号 nservo 的舵机位置之后的 7 个舵机赋予落曲线舵机旋转值
servoP[nservo − i] = wave[i]；
    }
  }
```

采用多个超声波距离传感器感应对应区域是否有人进入，每个超声波传感器控制一组舵机产生运动的小组有：涟漪组（图 5）、折扇组（图 6），展示效果为当人进入相应区域对应区域的装置发生变化。以涟漪组为例，核心算法如下：

该模型用四个距离传感器感应模型前后左右四个区域（数组 distanceFromProx[编号] 含有四个元素分别为对应区域人与距离传感器距离）控制 8 个舵机（数组 pw[编号] 有 8 个元素分别为各个舵机旋转的角度）。

```
if（distanceFromProx[0] < 距离 1m&&distanceFromProx[0] > 0）{
    person[0] = true；；// 当人和编号为 0 的超声波距离传感距离在 0−1 米之间时
    pw[0] = 2500；// 编号为 0 的舵机旋转 180 度
  } else {
person[0] = false；
    pw[0] = 500；// 当条件不满足时编号为 0 的舵机旋转 0 度
  }
}
```

当参与者进入相应区域，对应舵机向下牵引木球产生涟漪。

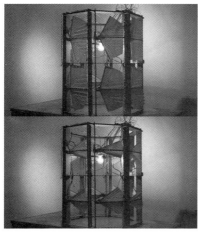

图 5　折扇组

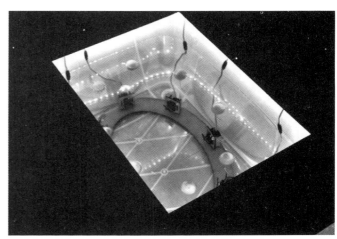

图 6　涟漪组

4 问题总结及教学研讨

经过实验教学的过程，我们积累了经验，获得如下启示：

1. 设计与装配制造相脱节造成学生对材料缺乏感性认识，且对于装配息息相关的节点设计与详图设计把握不足。经过借助模型来思考，并按照1:1的比例进行绘图与装配，使得学生对材料属性与节点详图设计有了切身体验。

2. 学生偏重设计概念与绘图，而对基本弱电电路与计算机编程技术的缺乏造成学生在这个区域内的知识盲区，从而造成设计概念难以落地。通过设计案例教学的方式，指导教师给学生提供亲身尝试数字技术的机会与技术帮助，鼓励对数字技术的自主学习与运用，使得数字技术作为一种工具帮助设计的深入推进。

3. 在互动建筑教学过程中强调对于数字技术不仅停留在介绍的层面，要深入到运用层面，并且通过展览的方式让使用者检验设计成果，这对教学过程质量达标有良好的促进作用。但是局限于课堂的学时与教学投入的限制，对于互动数字技术的运用还只是停留在测试阶段，互动模型与可以推向市场的建筑智能产品相比在完善度与可靠度方面还存在较大的差距。这也提醒我们要注意课程群的建设，把讲授课程与实习调研结合起来，在今后的互动建筑教学中尝试与电气设备制造商的合作，提升互动建筑环境作品的完成度。

在《第一机械时代的理论与设计》一书的开篇中，雷纳班纳（ReynerBanham）展望了第二机械时代，这是一个机械微小化、家居化为特征，区别于第一机械时代以大机器资本主义为特征的时代[4]。当下的中国是万众创新的中国，数字技术对建筑设计行业室外渗透给传统建筑教育提出了新的命题。在互动建筑的授课过程中，作为任课教师能够切身体会到课程对学生设计的传统技能如节点详图绘制与实务模型制作等方面有较高的要求，同时我们在继承传统的面向设计方案的教学之中尝试融入新的数字技术的教学与辅导，通过这种方式我们相信互动建筑实验教学可以成为传统建筑设计教育的有益延伸。

基金项目：

"南京大学博士研究生创新创意研究计划项目"资助（编号：CXCY18-29）

"中国矿业大学教学研究一般项目"资助（编号：2018YB38）

参考文献：

[1] 石孝殊，王玉章，赵翠莲，等. 牛津高阶英汉双解词典 [M]. 北京：商务印书馆，2004：137-138.

[2] 孙彤. 空气工厂在北京——面向环境响应的建筑愿景 [J]. 新建筑，2016 (3)：60-63.

[3] 孙彤，Ruairi Glynn，罗萍嘉. 面向互动的建筑行为学 [J]. 工业建筑，2017(2)：195-198.

[4] 班纳姆 R. 第一机械时代的理论与设计 [M]. 丁亚雷，张筱膺，译. 南京：江苏美术出版社，2009：2-5.

文中所有图片为作者自摄

作者：孙彤，中国矿业大学建筑与设计学院讲师，南京大学建筑与城市规划学院博士；罗萍嘉，中国矿业大学建筑与设计学院院长，教授；井渌，中国矿业大学建筑与设计学院教授委员会主席，教授

Mapping 工作坊在建筑教育上的创新思维培养

张艳玲　严晞彤　邹晓璇　杨卓熹

Mapping Workshop on the Cultivation of Innovative Thinking in Urban Design

■摘要：通过分析 Mapping 工作坊的教学方法和教学成果，提炼出 Mapping 工作坊教学模式的对建筑教育的意义，及其对学生创新思维及综合能力的培养方法。

■关键词：Mapping 工作坊　建筑教育　创新思维　综合能力

Abstract：By analyzing the teaching methods and teaching achievements of Mapping workshops, the paper explores the significance of Mapping teaching mode to architectural education and its cultivation methods for students' innovative thinking and comprehensive ability.

Key words：Mapping workshop；Architectural education；Creative thinking；Comprehensive ability

建筑学是一门高度学科融合的知识领域，学生和从业者都需要在微观和宏观间来回转换，因此，跨学科的能力成为必要的技能。建筑教育需要使学生为多重框架、有争议的价值观、不明确的问题和开放的外部环境做好准备，同时，创造性的实践也是值得思考的。

中国主流的建筑教育通常以"解决问题"作为建筑设计课程与能力培养的出发点，用一定的限制条件与预期目标对设计的方向和成果加以控制[1]。然而，这种教育方式在新的时代凸显出局限性，这种限定的条件和预设目标本身会对学生的思维有禁锢性。

Mapping 工作坊是墨尔本皇家理工大学学者何志森博士发起的，近 3 年内在中国进行了 36 个工作坊。其运作模式是：组织 20~50 个学生在选定的场地内做现场调研，时间大概是 1~2 周，从一个小的元素出发，通过变换尺度，把与之相关的元素有机联系在一起，形成一个与空间设计相关的"主题"，通过蒙太奇、手工模型、幻灯和投影等手法，将设计理念展示出来。在这个设计的过程中，学生通过发现、提出、分析问题，寻找应对未来问题的可能性，以建筑专业的知识作为引导、解读与介入问题的思路，继而诞生体现创作精神的原创作品。在教育界一个主要的新趋势就是强调发展学生抓住学科内在逻辑的能力，叫作"潜在游戏"，Mapping 工作坊注重的就是激发学生的潜能，让学生运用 Mapping 工作坊的思维方法，引导学生掌握设计主题的内在逻辑。

1 Mapping工作坊的思维方法

Mapping 工作坊的进行过程注重培养学生的创新思维和综合能力，使用的方法综合而多样，有"大数据法、重组法、移植法、分时分段法、参与观察法、分层法、破译法、裁剪法、蒙太奇法、模型法、关系法（参见图9）、摄影作图法、解剖法、混合法、跟踪法"[1]，另外还有行为注记法、行人计数法、摄影调研法、访谈法等。

2 Mapping工作坊的目标

主流的建筑教育通常以基础教育为主，这些基础教育有：画图技巧、建筑学及相关学科的基本知识等。建筑学的设计课程仍然以解决预设问题为主，然而，Mapping 工作坊认为"发现问题"才是最重要的。

现场调研是 Mapping 工作坊中最重要的环节，其目标就是让长期居住在象牙塔里的建筑师、规划师和景观设计师们走出围墙，去了解生活、体验生活，去关注最平凡的人群，学生能够体察小人物们对日常空间的使用和需求，只有这样，他们的作品才会更为人性化，更符合使用者的要求。

3 工作坊的教学意义

3.1 以深入调查在地（site）信息为导向的训练方法

传统高校的建筑学并没有设置专门针对对学生现场调查方法的培养课程，老师带领学生考察现场，只会给学生讲场所的大概情况，如场地的面积、地形地貌、人文历史、生活习俗等，拍照收集信息，深入一点的调查研究会做一些场地和建筑的测绘，绘制相关的平立剖等图纸，现场问卷调查等。然而这是不够的，现场信息的收集是静态的，被动的，学生缺乏对现场动态信息的收集，如场地人群的行为及其规律，场地与人群行为的互动以及相互之间的变化。动态的信息会刺激学生或者其从业者对场地独立的、深入的思考，从而决定了一个设计的成功与否。

同时，Mapping 工作坊前期，指导老师会对学生现场收集动态信息进行培训，教会学生使用观察法、行为注记法[2]、轨迹与跟踪法[3]、行人计数法[4]、访谈法[5]等。

3.2 以独立思考为目的的训练

目前大学本科的设计课程一般是老师拟定一个设计题目，给出项目基本场地信息，预设一个最终的设计目标，让学生调研场地，收集类似项目的信息，参考前人的设计成果，做出课程要求的作业。如此，学生根据老师预设好的"流程"步骤，完成课程任务。然而，我们发现很多学生完成课程设计后，学会"依葫芦画瓢"的本领，却很少有学生能对项目本身有独立的思考，也就不可能有创造性。

在 Mapping 工作坊中，老师给出的唯一限定条件是设计课程的地点，不设主题，要求同学通过自己的观察、寻找、思考、小组讨论确定设计主题，从而锻炼学生主动发现问题的能力，而不是被局限在某个预设主题，被动解决问题，以此达到锻炼学生独立思考的能力。

3.3 锻炼学生的动手能力

Mapping 工作坊还强调学生用手绘、3D 模型、电影、纪录片、动画、蒙太奇、多媒体、舞蹈等手法去表现设计思想，不主张使用计算机制图。在 2016 年的暨南大学"看不见的城市"工作坊中展现了很多精彩的手工模型、幻灯、动画、纪录片等多种表现手法的作品。这些模型不仅仅是最终的设计作品，手工制作的过程中，还是学生深入思考的过程，是设计者思维的表现。

3.4 锻炼学生的综合能力

除了视觉的表现技法，Mapping 也注重交流与表达能力的培养。从小组之间成员的沟通能力，到设计过程及最终成果的作品阐述能力，学生的综合素质都会得到大幅度的提升，从多方面完善学生从事建筑行业的职业素养。

Mapping 工作坊有 3 个让学生自我表达的平台：第一是选题，小组成员向全体同学、指导老师介绍他们的选题；第二是中期汇报，小组成员要介绍他们的设计思路及展示其设计的半成品，并公开跟指导老师交流其设计思路；第三是最后的作品展示汇报，小组成员向参观者、同学及指导老师介绍小组作品并听取指导老师意见，与听众自由交流。这过程中，能全面提升学生的口头表达能力，能让学生克服不敢与人沟通的障碍，从而全面提升学生的综合能力。

3.5 交叉学科介入的表现手法

建筑学学科综合性强，建筑师必须具备多方面的知识，交叉学科的训练至关重要。Mapping 工作坊不设主题，学生的选题自由度很大，选题可涉及热环境、建筑声学、城市设计、城市规划、景观设计、电影学、社会学等方面，但是要求以一个建筑设计师的角度思考问题，用一个建筑师、工程师和艺术家的手法表达设计思维。

Mapping 工作坊的现场调查运用的方法就有环境行为学的调查方法、社会学的调查方法、现场勘测学科等交叉学科方法；表现的手法是多样性的，有手工模型、3D 打印、参数化设计模型、动画、纪录片等，这些表现手法涉猎的是多个学科交叉的知识。Mapping 工作坊有利于提高学生跨学科知识运用的能力。

4 工作坊的创新思维训练体系

4.1 纵向思维与横向思维互动

纵向思维是建筑教育普遍采用的思考方法，Mapping 工作坊除了鼓励学生探究场地空间、城市空间等物质要素外，还鼓励学生挖掘当地的历史与文化、人类活动与事件等具体要素背后的故事。例如：在"看不见的城市"工作坊中的"神坛组"，一个几平方米的"天后庙"在石牌村存在了几百年，而且占据了一个商业区的繁华地点，它依然香火鼎盛，环境依然干净整洁，政府和社区没有给这里任何捐助，这背后就隐藏着"秘密"。于是，学生带着好奇心来跟踪观察这里的来往人群的行为，从而发现这个小庙堂背后隐藏着一系列居民的利益链及其相应的空间策略（参见图 7）。

与纵向思维相辅相成的是横向思维。在工作坊中，学生的横向思维主要体现在运用交叉学科知识与多种方式的表达方法。纵向思维与横向思维的互动是感性与理性的博弈，学生

图 1　手工模型

图 2 能听的模型

图 3 幻灯投影

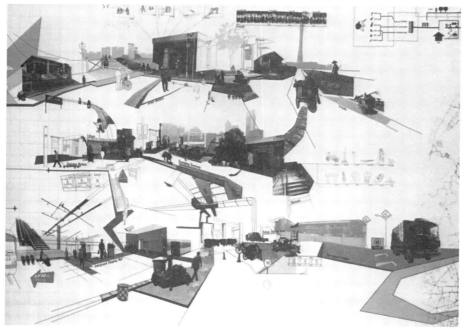

图 4　蒙太奇

图 5　学生的自我介绍

图 6　学生的演讲

的各种各样的作品让纵横向思维得以直观的表现，诞生出具有创造性的原创作品。例如：工作坊中有一个小组的主题是"声音"，如果只局限本学科的知识层面，学生可能只会做一个传统的条形统计图，但是不直观。学生却制作了一个声音分贝柱状三维模型（参见图8），这个模型的底板就是调研场地的地形图，根据立柱的高低，就可以直观地判断那个地方比较安静，哪些地方比较喧哗。可以揭示声音与场地建筑类型与分布的规律，安静的地方大多数是住宅，喧哗的地方是公共活动空间与商业区。

4.2 叙事思维训练

叙事思维是对纵向和横向思维的深化和总结，体现工作坊的研究性。在不确定的主题下，叙事思维并非通过预设的蓝图来设计主题，而是基于对当前的研究，挖掘背后的故事，想象未来的发展，从而做出更符合故事"发生者"未来使用需求的作品。这样的研究尊重历史和当下，通过对场地的要素及人类行为的跟踪调查及其规律的分析，产生的设计思路与原创理念才足够作为一个设计作品的科学依据。如一个报刊亭的设计，看似简单而无技术含量，然而报刊亭却蕴含着一个复杂的"故事"。在某高校的一个 Mapping 工作坊中，学生把这个故事挖掘出来。报刊亭原本是市政府给残疾人就业的一个公益项目，然而我们看到的都是身体健康的人在经营，原因是残疾人把经营权转租给需要靠此营生的劳动者，可是这样是违规的。经营者就在要交租金的同时，还要花钱"打点"关系网，这就为经营者带来沉重的经济负担，单靠卖报刊，根本不足以支撑这些"开销"，于是就有了报刊亭身上的各种广告，广告才是报刊亭主要的收入来源。弄清楚其中的故事，设计者就知道如何设计一个能符合经营者使用的报刊亭：就是让报刊亭有尽量多的广告位，而且要通过视觉设计，让广告位设在引人注目的位置，以增加经营者的收入。

4.3 见微知著思维引导

调研中，我们本着"见微知著"的出发点，在城中村寻找微小的元素，如狗、蜗牛、楼梯等，这些平时容易让人忽视的元素，往往会牵扯着一系列的连锁反正，会促进某个环境的改变，这就是"蝴蝶效应"。下面我们介绍一下这种思维模式的逻辑推理方法：从1:1（小尺度），1:10（中尺度）；1:100（大尺度）等不同尺度寻找微小元素与其关系密切的元素之间的关系（如下图9所示）。

以"窗户"为例，在城中村，我们通过初步调研，注意并联想到1:1尺度上与之联系密切的元素有窗户的位置、高度、透明度、朝向等（这些元素跟我们选取的调研地点密切相关，如在城中村，窗户的开启位置、高度等就很重要，因为如果窗户开启的位置选择不好会引起两栋楼之间的窗户直接相对，视线通透，甚至引起盗窃问题等，然而如果是高楼大厦的窗户，选择的元素就会不一样，如大片窗户对周围建筑的光污染、热辐射等）；而1:10尺度上与窗户相关的元素是建筑之间的距离、建筑的朝向、是否临街等；1:100（街道尺度）尺度上由建筑之间的距离、建筑朝向等元素联系起来的元素是街巷的尺度、街道的高宽比、人的活动等。运用此模型，我们以小见大，把一堆看似松散的元素通过"线索"联系起来，形成一个有趣的研究主题。

5 Mapping工作坊对建筑教育的启示

我国建筑院校基本以建筑设计为核心，技艺并重的教学模式，同时，注重人文主义思维与技术思维的建筑本体知识。近年来，我国建筑教育呈现开创性和国际合作趋势，注重跨学科知识在建筑设计中的应用，鼓励数字信息和高科技软件在建筑设计中的应用。面对日益变化的城市环境，建筑师解决问题的职业能力急需提升。Mapping 工作坊对学生的全方位培养给我们的教育以下提示：

（1）要注重学生独立思考问题的能力培养。我们的生活环境瞬息万变，命题式设计教育已经不能适应新时代对建筑师的需求，只有教会学生发现问题的方法，独立思考问题的能力，他们才能真正做出符合时代需求的设计作品。

（2）学生应学会深度调研场地"看不见"的信息。这就需要对学生进行调查方法的培训。在高校，普

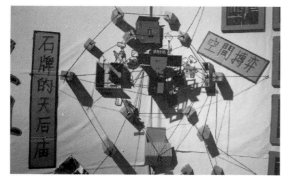

图7 天后庙组的作品

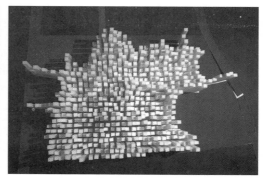

图8 声音分贝柱状模型

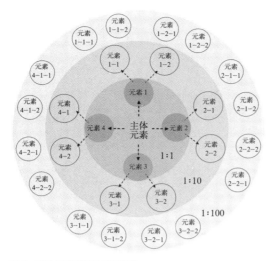

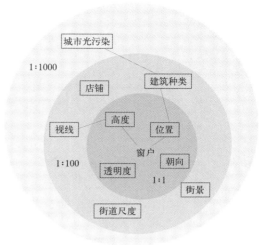

图 9　变换尺度关联法示意模型　　　　　　　图 10　变换尺度联想法示例

遍缺少对于行为学和社会学方面的学习，一个建筑师应该为使用者考虑，这就要求学生学会对场地使用者的动态观察，收集场地动态的信息，需要学习心理学、行为学。

（3）应该注重培养学生的独特视角和创新能力。长期以来，建筑学学生创新思维的培养都是重点，Mapping 工作坊的教学模式能实现此目标，从一个微小的元素出发，组织成一个有关建筑的故事和作品，这种思维模式本身就是独特的视角，创新的思维模式。时代改变、城市的高速发展和科技的日新月异，对学生的建筑创新思维发展提出了新的挑战。

（4）学生的综合能力需要提升。建筑师以后要面向的是国际化的市场，科技高度发达的世界，跨学科知识的运用非常重要。懂得规划学、社会学、行为心理学的建筑师才是真正能创造美好城市生活的建筑师[8]。

基金项目：华南理工大学亚热带建筑科学国家重点实验室开放基金资助项目，特色小镇模糊综合评价体系研究（2018ZB06），2018 年度"羊城青年学人"资助研究项目，社区营造视角下广州的社区公共空间改造的研究，（18QNXR16），暨南大学第 20 批教学改革项目，"建筑学工作坊"教学思想的转变与教学模式改革实践（82618007）。

注释

[1] 出自 Mapping 工作坊发起人何志森的讲座。

[2] 行为注记法：行为注记法又称为 mapping：即在目标场地将活动发生的种类、场所和数量等信息用图像形式标记出来。其中包含快照注记（snapshot）和活动注记法（behavior mapping）。

[3] 轨迹观察（trace observation）是指在平面图上记录个体的运动轨迹。具体方法是调查者持有一张地图，从选定的地点跟踪行人记录其步行轨迹。

[4] 又称观察点计数法（gate count），指的是在调查区域选择若干处重要的人行路径，选择某一街道或通道断面记录通过的人数，其观察对象一般是步行者。

[5] 访谈法：访谈法（interview）是指调查者和被调查者通过有目的的谈话，收集资料的一种方法，访谈法的特点在于调查者和被访者之间的即时互动。除了一对一的访问方式，在公共参与阶段，还会有公众听证会等"集体访谈法"形式。

参考文献：

[1] 陈可石，任子奇．面向未来的建筑教育与创新思维培养——以 UCL 巴特莱特建筑学院为例 [J]．建筑学报，2016(03)：95—100.

[2] Cruz, M. Architectural Education Today, The School of Tomorrow[C],16th Meeting of Heads of European Schools of Architecture, 2014.

[3] Hokstad, L.M. 等，建筑教育的新兴教学法——TRANSark（建筑教育变革性学习）方法 [J]．住区，2017(03)：101—115.

[4] 何志森．见微知著 [J]．新建筑，2015,31—35.

[5] 韩冬青，单踊．融合 批判 开拓——东南大学建筑学专业教学发展历程思考 [J]．建筑学报，2015(10)：1—5.

[6] 刘晖，谭刚毅．理性、创新与实验精神——华中科技大学建筑学本科特色教学体系的探索实践 [J]．建筑学报，2013(2)：106—109.

[7] 刘滨谊．美国建筑教育新趋势 [J]．建筑学报，1995(8)：30—32.

[8] 龚俊．建筑教育的发展与建筑师的培养 [J]．城市环境设计，2014(12)：142—143.

作者：张艳玲 暨南大学力学与建筑工程学院，博士，讲师；邹晓璇 香港大学建筑学院，研究生；严晞彤 暨南大学力学与建筑工程学院；杨卓熹 香港大学建筑学院，研究生

建筑创作主体的建构

黄勇　张伶伶　陈磐

Construction of the Architectural Creation Subjectivity

■摘要：建筑师的培养问题一直是业内人士关注的焦点，对建筑创作主体的研究，就是力图为提高建筑师素质提供相应的理论依据，为建筑学教育明确目标和方向。本文以建构理论为依据，提出了建筑创作主体建构的三个层级，即意识、技术和表现；通过同化与顺应的相互平衡、内化与外化的双向建构实现整体循环和互动上升，揭示出建筑创作主体的建构是自我的建构过程，创作个性为主体建构研究的落脚点。

■关键词：创作主体　建构　同化　顺应　创作个性

Abstract：The cultivation of the architect has always been the focus of the professionals，Do study of architectural creation subjectivity，it provide the corresponding theoretical basis in order to improve the quality of the architects and Clear the goals and direction for architecture education，In this paper，based on construction theory，put forward the three levels of architectural creation subjectivity，consciousness，technology and performance；Through assimilation and comply with the mutual balance，internalization and externalization of mutual construction to achieve the overall cycle and interaction，Reveal that the construction of architectural creation subjectivity is the construction process of itself ，The creative personality is the foothold for subjectivity construction research，

Key words：Creation subjectivity；Construction；Assimilation；Accommodation；Creative personality

　　建筑师的培养问题一直是业内人士关注的焦点，然而如何全面地提高建筑师的自身素质仍缺乏系统的认识。对建筑创作主体的研究，就是力图为提高建筑师素质提供相应的理论依据，为建筑学教育明确目标和方向。因为创作主体是高度个性化而又具有独特的审美创造能力的人，因而个体的建构问题就显得尤为重要。[1]

1　理论依据

　　人们之所以能从事创造性的活动，把握其中的本质与规律，就在于创作者拥有的＂智能＂

结构，所以说主体的建构（Construction）本质上就是主体的"智能"建构问题。

建构主义理论是历经对皮亚杰（Jean Piaget）、布鲁纳、维果茨基、维特罗克（M.C.Wittrock）等人的早期建构主义思想的不断发展，同时伴随着对认知心理学的批判和发展，于 20 世纪 90 年代出现在心理学领域中的一股强大"洪流"。"建构论"是在当代科学与哲学的结合点上形成的有关"智能"起源与发展的理论。建构论强调智能的发展是认知结构连续的建构和再建构，致使初级的结构过渡到较复杂的结构，最终建立起结构系谱。

建构主义理论的一个重要概念是图式，图式是指个体对世界的知觉理解和思考的方式。图式是认知结构的起点和核心，或者说是人类认识事物的基础。图式的变化导致认知的形成和发展，图式变化的原因在于同化和顺应。同化（Assimilation）指的是外部环境中的有关信息吸收进来并结合到已有的认知结构中，即把新的知觉要素或刺激物整合到原有的图式或行为模式中去，是量变的过程。顺应（Accommodation）指的是外部环境发生变化，而原有认知结构无法同化新环境提供的信息时所引起的认知结构发生重组与改造的过程，是新图式的创造或旧图式的修改，顺应是质变的过程。认知个体通过同化与顺应这两种形式来达到与周围环境的平衡：当人们能用现有图式去同化新信息时，他处于一种平衡的认知状态，而当现有图式不能同化新信息时，平衡即被破坏，而修改或创造新图式（顺应）的过程就是寻找新的平衡的过程。人的认知结构就是通过同化与顺应过程逐步建构起来，并在"平衡——不平衡——新的平衡"的循环中得到不断的丰富、提高和发展。[2]

在促进主体认知结构的发展中，同化和顺应是不可分割的。主体对客体的认识是主体图式同化客体信息的产物，而主体对客体的顺应又使主体图式获得革新与发展。当主体遇到新情况或客体时，往往会运用旧图式将其同化，当目的不能达到时，才会调整或改变主体图式，这就是顺应的过程。只有在顺应发生之后，图式才能更新，同化才能在新的水平上进行。同化与顺应的相互作用促进主体图式的发展，这就是"建构"。

皮亚杰指出，内化建构过程的内部协调是对主体活动本身的协调，它把主体的动作或图式进行分解、归类、排列、组合，使它们彼此联系起来，建立新的图式，这种内部协调按照反思抽象的方式不断对自身进行再协调，从而不断地从低水平向高水平过渡。外化建构过程的外部协调是对客体变化进行的协调，它把主体的图式应用于客体，把客体在时空中组织起来，建立客体之间相互作用的运动结构和因果关系。内化和外化的双向建构就是同化和顺应两种主客体的相互作用平衡发展的过程，即认识在主体和客体的相互作用中发生和发展的过程。

在主体与客体同化与顺应的相互作用中，包含着"动作内化"和"图式外化"的双向建构过程，所谓智力或认识，其实就是这种双向建构的综合，心理和认识的发展在实质上就是双向建构的不断发展。[3]

2 建构层级

建筑学是自然科学与人文科学交融的学科，具有技术和艺术相结合的属性。以建构论为依据，就是研究主体在技术和艺术两个方面的建筑认知结构的建构过程，即建筑创作主体的智能建构问题，涉及建筑创作主体的意识、技术和表现三个建构层级。

2.1 意识层级——主体的思想观念和理论素质

建筑的创造特性要求建筑师必须对其所处的社会环境和社会存在有一个鲜明的感性认识，并随着个体认知的成熟上升为理性认识的高度，通过不断深化而形成建筑师独有的思想观念。建筑师个人的生活经历及特定的社会文化传统、时代精神不断内化造就了他潜在的心理结构，形成了自己的感受方式和知觉方式，主要包括认识观、伦理观和审美观。

主体自身不断构筑起来的思想观念一方面来自于生活经历的概括和归纳，另一方面是受外在主体的各种理论的影响。主体外在的思想通常是抽象形态的理论，构成了主体的理论素质，表现为主体构建起来的知识结构体系，是人的头脑之外，相对抽象、系统的思想观念，带有超前的色彩，是推动创作的动力，也是思想观念更新不可缺少的环节[1]。外在的理论往往是专业性的，需要主体将其抽象形态转化为内在的具体观念，它能够对主体的创作起指导作用（图1）。

主体的思想观念应当具有开放性和包容性，形成意识上的同化与顺应的相互平衡。即主体在生活和学习过程中，不断丰富自身的思想内容，建构起完善的建筑认知结构。主体的观念是一种"无终极设计"的过程，要求我们不断地更新观念，才有可能改变旧的思想结构，产生新的思维方式、审美心理和创作手法（图2）。

2.2 技术层级——主体的艺术修养和专业技能

从事建筑创作和实践，创作主体应该具备一定的专业素质。艺术修养和专业技能是主体创作的前提条件，直接作用于主体，并渗透于建筑创作之中，是创作过程得以完成的基本技术保证，因而它们属于主体建构

图1 玛丽莲．梦露（1967） 安迪·沃霍尔

（安迪·沃霍尔（Andy Warhol,1928–1987）是波普艺术的倡导者和领袖。他用独到的表达方式诠释了工业化大批量生产背景下西方社会中成长起来的青年一代的文化观、消费观及其反传统的思想意识和审美趣味。）

图2 巴塞罗那国际博览会德国馆（1929） 密斯·凡·德·罗

（密斯（Ludwig Mies Van der Rohe,1886 – 1969）建立了一种当代大众化的建筑学标准，提出的"少就是多"（less is more）的理念，集中反映了他的建筑观点和艺术特色，也影响了全世界。）

的技术层级。

艺术修养是指创作主体在按照美的规律创造艺术品时所应具备的特有能力和条件，它主要表现在创作主体把生活和情感变成艺术时所具备的能力和技巧，包括创作主体的艺术感受能力、艺术发现能力和艺术表现能力（图3）。它是主体进行创作活动的艺术层面的内在尺度[1]。从建筑的艺术性出发，建筑创作主体应该具有熟练的艺术构思能力和运用一定物质手段将其创造意图传达出来的能力。

专业技能是建筑师进行建筑设计的技术能力，指建筑师经过长期锻炼和培养，在专业领域里展现出的技术水平与完善程度。它是一种相对稳定的个性心理特征，是主体进行创作活动的技术层面的内在尺度（图4）。建筑师的专业技能包含专业的知识和技巧。

主体的艺术修养不只在于完美的建筑艺术形式的创造，更重要的是使完美的建筑形式的创造同建筑的创作内容相结合。因此，主体的技术层级既需要不断同化来增加艺术修养和专业技能的内容，又需要适时顺应提升艺术修养和专业技能的水准，两者具有内化与外化的双向建构特征。

2.3 表现层级——主体的创作个性

创作个性是建筑师的意识层级和技术层级的个性差异在建筑创作上的特殊表现，创作个性涵盖了意识和技术的内容，因而成为主体建构的综合表现层级，它决定着主体的世界观和独特的创作方法与传达方式，我们虽然不能直观主体的创作个性，但它确能通过其作品这个载体展现出来。

创作个性包含了主体先天所有的气质悟性、情绪记忆、形象思维、意志冲动等特性，又包括了创作主体在后天实践中建构起的生活经验、思想倾向、理想趣味、艺术能力等精神特点[4]。总的来说，创作个性是指在一定生理基础上，在社会实践中形成的创作主体个人的独特的较稳定的全部心理特征的总和（图5）。

图 3　女子与麻雀（1957，羊毛挂毯）　勒·柯布西耶

（柯·布西耶（Le Corbusier,1887—1965）被称为"现代建筑的旗手"。于 1917 年定居巴黎，从事绘画和雕刻，与新派立体主义的画家和诗人合编杂志《新精神》。他一生留下了许多绘画。）

图 4　1990 年北京亚运会朝阳体育馆（1985 拼贴画）　张伶伶

（建筑画不同于"纯粹的绘画"，理性大于情感，科学性大于随意性，体现了建筑师的艺术修养和专业技能。上图采用拼贴画的技巧，真实地表现了建筑的形体构成和融于环境的整体关系。）

　　建筑师只有使他个人主观方面的特点得到充分发挥，对建筑的美具有他个人所特有的独创性的发现，他的作品才更有审美价值（图 6）。建筑师对现实的审美感受和认识的独特性与表达方法上的独特性，这两者的统一构成了真正的创作个性[5]。当然，在建筑师还没有取得与自己的独特感受和认识相适应的表达方法之前，还不能说最终形成了现实的创作个性。

如果主体在意识和技术层级的建构是以"动作内化"为主的话,那么在表现层级的建构则更多的是"图式外化",它是主体在意识和技术层级同化与顺应相互平衡,内化与外化双向建构的结果。在建筑的专业范畴,创作个性是主体建构层级中的唯一社会属性。

3　建构解析

　　建筑创作主体的思想观念、理论素质、艺术修养、专业技能和创作个性诸要素构成了主体建构的意识、技术和表现三个层级,它们相互依托、相互促进的关系构成了一个闭合可逆的自环系统。

3.1　整体循环

　　对于建筑创作主体,思想观念是主体创作的起点,生活的积累和外在理论的内化造就了主体基本的世界观和创作观,即形成了就建筑而言的创作意识,这种意识是主体的自觉意识,体现了主体能动性的特征;由于创作意识的萌发,技术层级被激活,自然向建筑创作靠拢,逐步建构起建筑创作的专业基本素质;因

图5　被环绕的群岛（1980-1983）　克里斯托（Christo）夫妇
(作品用超过60万平方米的粉红色布料,覆盖美国佛罗里达的11座岛屿。克里斯托夫妇大胆的想象和实施的魄力让世人大开眼界,已经远远超越了传统艺术的范畴,他们以大自然作为创造媒体,将艺术与大自然有机结合,创造出一种富有艺术整体性情景的视觉化艺术形式。)

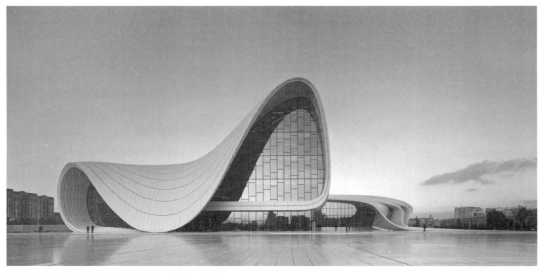

图6　巴库阿利耶夫文化中心（2013）　扎哈·哈迪德
(哈迪德(Zaha Hadid,1950—2016)被称为建筑界的"解构主义大师",以"打破建筑传统"为目标,超出现实思维模式,一直在实践着让"建筑更加建筑"的思想。)

为主体的观念带有个体性，由此形成的主体素质必然也带有强烈的个体倾向性，这就决定了创作一定充满个性色彩；创作个性是在实践和学习中建构起来的，由此内化而成的主体思想观念，必然带有强烈的个人倾向性。这样，主体的三个层级就构成了一个整体封闭的自循环系统，主体的建构是一种自我建构过程。

主体建构的三个层级在自循环系统中相互联系，相互制约，缺一不可。首先，意识层级是建筑创作的中枢，体现着创作主体的认识观、伦理观和审美观，反映了主体的价值取向和设计理念，它既决定了技术层级的整体水平即艺术修养的高低和专业技能的优劣，并外化为主体创作个性的全部特征；其次，技术层级的提高、丰富和进步为表现层级构筑了坚实的基础，不断地同化与顺应，促进了主体创作个性的形成；同样，技术层级的内化也丰富了主体意识层级的内容；最后，表现层级的发展与成熟，也会影响到意识层级，使之得到更新或趋于保守，更对技术层级的内容产生个性化特征的影响。可见，主体三个层级的循环特征是可逆的（图7）。

对于建筑创作主体而言，不管三个层级怎样变化，主体的水平有多高，我们能够感受到的只能是体现在作品中的创作个性（图8）。因此，主体的创作个性才是我们研究主体建构的落脚点。

3.2 互动上升

不言而喻，创作主体的创作受制于自身的智能水平，智能水平又决定了主体的意识、技术和表现三个层级的特征，主体有何等水平的智能就有与其相对应的思想观念、理论素质、艺术修养、专业技能和创作个性。初学建筑者因建筑知识的欠缺和经验的匮乏，设计水平较低，往往以模仿为主，因而设计缺乏个性；随着学习的深入，建筑知识的不断内化增长，创作水平也会逐步提升，其作品的个性特征亦会有所显现。

建筑创作主体三个层级的循环运动是建立在同化与顺应的基础上的。与主体思想一致的各种外在的观念、思潮、理论等通过同化作用，不断地被主体所吸收，使主体内在认知结构的内容逐步丰富起来；与主体思想不相一致的各种外在的观念、思潮、理论，一方面会遭到主体的拒绝，形成对抗的事态，另一方面可以通过顺应作用，主体内在认知结构作适当改变，从而达到了拓宽主体内在认知结构的效果，产生质的飞跃，主体进入更高一级的层级，其外化的表现即创作个性亦会产生重大变化（图9）。三个层级的循环往复运动，使得主体的特征被不断强化和提升，创作主体由此走向成熟（图10）。

3.3 智能核心

智能虽然是思想家长期争论的议题，但其确

切含义至今仍有分歧。有人认为，智能属于认识活动的范畴，它既是人们认识客观事物的能力，又是改造客观现实的能力；有人认为，智能是指在学习实践活动中表现出的感知观察力、记忆力、逻辑思维能力和语言表达力等综合性的心理能力；有人认为，智能是人类认识世界和改造世界包括自身在内的才智和本领……总之，对智能的理解

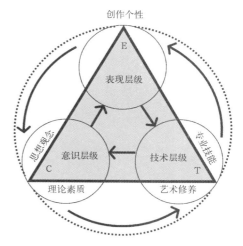

图7 建构系统

图8 圣·克里斯特博马厩与别墅（1964） 路易斯·巴拉干
（巴拉干（Luis Barragan,1902—1988）创造了花园、广场和浮现于脑海中的美丽喷泉，是一个形而上的景观，让人可以在那冥想与交谊。各种色彩浓烈鲜艳的墙体的运用是巴拉干设计中鲜明的个人特色，后来也成了墨西哥建筑的重要设计元素。）

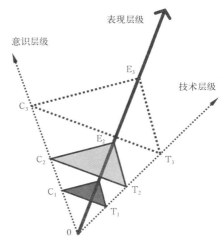

图9 建构层级

仍是众说纷纭，莫衷一是。但一般认为，智能是指人类在认识、改造客观世界与改造人类自身的整个过程中由脑力活动所表现出的能力（图11）。

在人文科学飞速发展的当今时代，许多西方心理学家已从单一的智力研究拓展到多因素的智能研究，如吉尔福特（J.P.Guilford）提出的多因素创造才能的复杂智能结构的研究。美国哈佛大学发展与教育心理学教授加登纳（H.Gardner）提出的六种智能研究。智能是人类在解决难题与创造产品过程中所显示而又为一种或几种文化环境所珍视的那些特殊的能力，对于建筑创作主体而言亦然。从建筑的空间本质出发，建筑师的综合素质在空间智能水平上的优劣就显得尤为重要（图12）。

创作主体的内在智能结构居于创作的核心地位，即创作主体的心理机制，是设计构思的发源地，它决定了创作主体的外部表现特征。智能是创作主体一种综合的"心智能力"，表现在心理层次上的注意力、观察力、记忆力、想象力、思维力和创造力等方面[6]。

4 结语

综上所述，建筑创作主体的建构是一个自我建构的过程，建筑创作主体是在建构层级的同化与顺应的作用中逐步建构起来的，起决定作用的影响因素是主体自身的智能结构。个体进步的内在因素是主体意识的提升和专业技术的更新，其落脚点是创作个性的彰显。

建筑创作是一个发现问题和解决问题并寻求最佳答案的过程，因而是一种典型意义上的创造性活动。我们提出意识、技术和表现三个层级构成了整体闭合可逆的自环系统，智能是创作主体建构的中心环节，它制约着创作主体的整体水平，由此阐释出主体的心理学基础，即主体认识世界、思考问题、解决问题的一种既定的个性化的心理背景，它包括主体的认知系统、动力系统和思维

图10 蓝色自画像（1901）／梦（1932）／带剑的男人（1969）
毕加索
（毕加索（Pablo Picasso,1881-1973）是二十世纪西方最具影响力的艺术家之一。他一生的艺术实践就是不断地自我否定，不断地自我更新，留下了数量惊人的作品，风格丰富多变，充满非凡的创造性。）

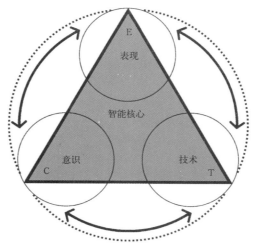

图11 智能核心

图12 阿姆斯特丹新都会国家科技中心（1997）／新喀里多尼亚芝贝欧文化中心（1998） 伦佐·皮亚诺
（意大利著名建筑师皮亚诺（Renzo Piano）是一位不断自我超越的人，他被誉为近几十年来国际上最富创造精神、创造力和影响力的建筑师之一。皮亚诺注重建筑艺术、技术以及建筑周围环境的结合，他的建筑思想严谨而抒情，在对传统的继承和改造方面，大胆创新勇于突破。）

系统三个组成部分。主体的创作心理机制是创作活动的核心和主体创作的内在心理尺度，这里由于篇幅所限，将另文论述。

国家自然科学基金项目：建筑创作论（批准号 50178020）

图片来源

图7、9、11由作者自绘；图1引自 http://3g.zhuokearts.com/m/auction；图2引自 http://blog.sina.com.cn；图3引自何政广主编，吴礽喻编译，《世界名画家全集—柯比意》，台北：艺术家出版社，2011；图5引自 http://www.christojeanneclaude.net；图6引自 http://www.zaha-hadid.com；图8引自 http://www.barragan-foundation.org；图10引自 http://www.360doc.com/content；图12引自 Renzo Piano. Renzo Piano Building and Projects1990—1999. New York：Rizzoli International，2000。

参考文献：

[1] 张伶伶，李存东. 建筑创作思维的过程与表达 [M]. 北京：中国建筑工业出版社，2014.

[2] 皮亚杰. 发生认识论原理 [M]. 北京：商务印书馆，2011.

[3] 石向实. 评发生认识论的发生与发展理论 [J]. 内蒙古社会科学，1997(4):1-8.

[4] 陈宪年. 创作个性论 [M]. 合肥：安徽教育出版社，1997.

[5] 黄勇，徐洪澎，张伶伶. 建筑创造性思维的向度 [J]. 建筑师，2004(3):58-63.

[6] 彭聃龄. 认知心理学 [M]. 杭州：浙江教育出版社，2004.

作者：黄勇 沈阳建筑大学建筑与规划学院常务副院长，工学博士，教授，博士研究生导师；张伶伶 沈阳建筑大学建筑与规划学院院长，工学博士，教授，博士研究生导师；陈磐 沈阳建筑大学建筑与规划学院，建筑学硕士，讲师

从虚构练习到真实建筑

——"专题研究设计"课程教学札记

张燕来　王绍森

From Fictitious Exercise to Factual Architecture: Teaching Notes on "Thematic Project Design"Course

■摘要：："专题设计"是当代建筑教育多元化、个性化背景之下的一种常见课程形式，近年来，厦门大学建筑系在"专题研究设计"课程中从建筑教育的时代背景与厦门大学的学科特色出发，设定了从虚构练习到真实建筑的整体思路，将建筑基本训练与校园建筑设计有机结合，实现了设计课程的研究性与真实性。本文回顾教学过程，反思教学理念，分析教学成果。

■关键词：专题研究设计　课题构成　思维训练　真实设计　教学过程

Abstract："Thematic Project Design" is a common curriculum form of contemporary architectural education within the background of diversification and individuation. In recent years, starting from the time background of the architectural education and the architectural characteristics of Xiamen University, the architecture department of Xiamen University sets up the whole train of thinking from fiction to real architecture, and combines the basic training of architecture with the design of campus architecture, and realizes both research and authenticity during the design course. The article would review the teaching process, reflect on the teaching concept and analyze the teaching results.

Key words：thematic project design；theme composition；thinking training；factual design；teaching process

一、课题溯源

"广义地定义，建筑学中的创造本身就是一种特殊性的研究，或者至少包含了研究。"[1] 20世纪后半叶以来，建筑教育开始从风格、类型的教学走向方法论式的教学，从"建筑样式"的设计走向对"建筑问题"的思考。在此背景下,建筑设计课程中重视研究性的"专题设计"应运而生：建筑学的基本问题，如空间、环境、功能、建造、观念及方法等都是设计研究的主题，每个设计题目针对性地设定特定主题，不同主题串联而成系列性、连续性的设计教学。国内高校的专题设计课程约成型于21世纪初,各院校又自有特色,如顾大庆老师将之称为"结构有序的教学方法"并应用于香港中文大学、东南大学的教学实践中："教学过程是一个包含不同建筑项目的设计课题，每一个设计包含一系列的练习，设计通过练习来推进。"[2] "专题研究设计"课题的确定犹如电影编剧精心编写的剧本，提供学生发挥表演才能的舞台。

近年来，厦门大学建筑学科进一步明确办学目标，从学科现状和自身条件出发，在教学计划中设置"专题研究设计"课程。课程面对本科四、五年级学生，总时间八周。教学内容主要分为两个阶段：专题练习和建筑设计。练习以"建筑基本研究"为主要内容，具有较高的虚拟性、研究性和实验性；设计作业则要求在真实校园环境中指定或自选建设用地，运用练习的研究成果设计中小型校园建筑。整个教学过程既有传统设计课程的训练特点，更强调从研究到设计的思考过程（表1、图1）。

"专题研究设计"课题简介   表1

年度	主题	练习、研究课题	设计课题
2009	观念	从建筑元素到艺术转换	厦门大学现代艺术博物馆
2011	体积	从抽象单元到具体建筑	厦门大学艺术家 SOHO 村
2012	场所	从无场所的空间到有空间的场所	厦门大学校园服务中心
2014	几何	几何空间，从形到心	厦门大学游客体验装置
2016	再生	建筑原型与空间体积更新	厦门大学大学生活动中心

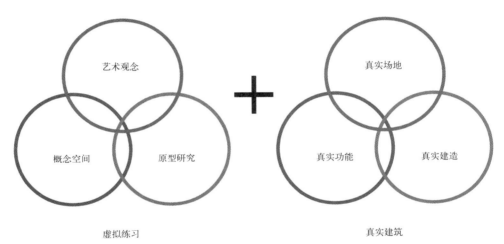

图1 "专题研究设计"课程概念图

二、虚构性练习

现代主义艺术观将艺术视为是一种虚构、一种人工制作，是艺术家人为的想象、叙述的产物。罗兰·巴尔特在《符号学原理》中将文学理解为"用语言弄虚作假和对语言弄虚作假"[3]。在建筑教学中，教师精心设计的虚构性练习可以使同学适当脱离真实的建设环境和建造条件来训练抽象思维能力，提高对建筑语言的理解力和对建筑空间的构思能力。英国建筑学者西蒙·昂温（Simon Unwim）认为："正如音乐家创作练习曲来探索乐章的可能性，建筑师往往设计一些作品来作为建筑语言的训练。"[4] 专题研究设计就是一种对建筑学本体的练习、实验。教学计划中的练习方式多种多样，练习内容主要包含以下主题：

1. 艺术观念

"当代西方建筑和艺术是一种观念的建筑和观念的艺术，观念的变化使当代建筑与艺术有了新的面貌。作为观念的当代建筑与作为观念的当代艺术始终在相互影响和相互作用中呈现出崭新的局面。"[5] 在当代建筑创作中，以绘画、雕塑、摄影、电影为代表的造型艺术和影像艺术的观念已全方位地渗透设计和创作的各个环节，建筑师和艺术家在当代文化、社会价值的结合点上通过个体化的思考与个性化的艺术语言来进行创造。元素构成、艺术转换、"绘画—建筑"是本教学练习中常见的艺术观念主题。

2. 概念空间

根据东南大学葛明教授的理解，"概念建筑（conceptual architecture）是建筑学科的一项基础训练，强调学理和学科边界，从某种角度来说它是有先锋的气质。"[6] 概念空间与建筑学本体的诸多主题紧密相关，如：

历史与现实、结构与构造、材料与建构、哲学与逻辑等。当然，概念空间练习中的"概念"不等于天马行空的构思，也不是无中生有的噱头，"它是一个严密推理的过程，具有强烈的理性色彩。"[7] 在过去的几年中，抽象单元、光空间、观察空间等都是学生练习的内容（图2）。

3．原型研究

原型概念是一个伴随着建筑学理论发展而产生的重要概念，最早可追溯到文艺复兴时期。建筑学中的原型研究既体现了人类对理性主义的向往，也表达了建筑学借由人的居住原型寻找自身正当性的诉求。原

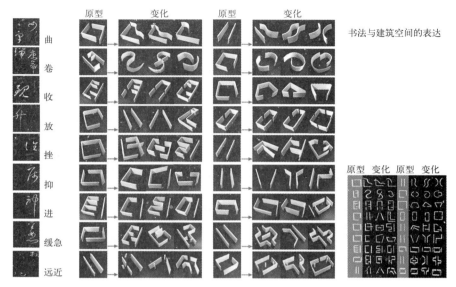

书法与建筑空间的表达

图2　学生练习成果"书法空间"
（作者：别晓烨）

邮局剖透视图

图3　学生设计作业中的构造表达
（作者：董喆）

型视角的设计训练是一种从秩序到形式再到空间的分析与设计方法，有着持久的研究价值和发展潜力，可以激发学生寻求视觉化造型背后的形式根源。本课程研究的原型有：几何原型、类型原型、空间原型等。

三、真实性建筑

建筑学高年级的设计课程作为兼顾职业训练与社会责任的专业教育训练，必然要求课程设计的项目应具有明确的设计要求，即使不是实际项目，也应该让学生在真实的地形和环境中得到感知和体验。以此为基点，本课程体现了以下真实性特征：

1．真实场地

厦门大学依山傍海，校园内部有山地、含湖泊，自然环境较有特色。作为一所建校近百年的大学，校园中不同时期建成的文物建筑、风貌建筑与现代建筑相互对话，提供了较为多元、具有研究价值的文脉环境。以真实校园环境作为建筑的建设场地可以使同学有参与感和体验性，并能在基地调研中发现真实问题。

2．真实功能

建筑的真实性还体现在建筑功能的真实性上。校园空间的生长过程中必然面对校园功能的更新和发展需求。近年来本课程设计课题涵盖了校园文化（现代艺术博物馆）、校园活动（学生活动中心）、师生服务（校园服务中心）、旅游介入（游客体验装置）等多项与学生日常学习、活动密切相关的功能。真实的功能设定要求可以使学生从使用者的角度思考功能、场所、风格等建筑问题。

3．真实建造

作为高年级的建筑设计课程，必须在设计的层面解决技术问题，考虑建造问题，学生完成的设计必须体现材料、构造、大样等细节。本课程的真实建造设计与四年级"建构设计"课程组合在一起，在满足真实性建造要求的前提下充分结合闽南常见砖石建筑、木结构建筑的构造特征，尤其在校园保护建筑和传统风貌建筑的更新设计中，更要深入探索闽南地域建筑的传统建造技术在当代的传承与发扬（图3）。

四、教学过程

"专题研究设计"课程的教学过程是一个教与学相辅相成的过程。

1．教：案例—讨论—示范

国内专题教学实施方法众多，工作室（studio）式、讲授（lecture）式、讨论（seminar）式都是常见的教学方式。经过多年的探索与反思，厦门大学的"专题研究设计"教学主要围绕案例、讨论与示范三种方式展开。

案例研究与设计教学可以构成一种平行关系。[8] 教学中的案例首先必须具备针对性：同时考虑到虚构练习与真实设计的共同特征；案例还要兼顾学术性与实践性；案例除了来自于建筑学领域，亦可来源于更广泛的学科领域。讨论是本课程教学方式的重要组成部分，这种讨论并不是为了探求设计的标准答案，而是在讨论中交流思想、开阔思路、探求设计的可能性的一个过程。在传统的建筑教育中，师徒制背景下的"改图"就是一种示范性教学，但示范性教学（设计）在近年的讨论式教学中似乎有所淡化。在"专题研究设计"教学中，为了使课程有明确的目标性，指导老师适当加大了示范性设计的比例，在课程之前试做设计作为示范，这样可以给学生必要的引导，并与同学一起讨论，教学相长（图4）。

2．学：研究—设计—表达

反思现代主义以来的建筑教育，传统的教学模式过于强调学生的技能性训练，而非研究型的创新能力培养，因此研究型课程的介入可谓改变这一不足的有效方法之一。"教学和研究通常应领先于社会实践并推动社会实践，因此也必然会出现不同于实践建筑的学术建筑或理论建筑。学术价值如何转化为社会价值有一个过程，这个过程本身也构成一个研究课题。"[9] 或者说，"设计活动在推动人类社会进步的过程中，已经成为人类共有的物质财富和思想资源。"[10] 可以认为，建筑设计客观上就是一种研究。

"专题研究设计"课程学习的重点在于建立在练习和研究基础之上的有关真实建筑的设计和表达，设计阶段的逻辑性构思与叙事性表达是本教学环节的一个重要教学目标。图纸的表达也是学习的重要内容，"图纸和再现是制作建筑的基本元素，特别是图纸。只有通过图纸，你才能画出你在图纸中所寻找的智慧的框架。"[11] 通过虚拟练习与真实设计的结合，学生可以建立起一种综合的、理性的分析结合研究、图纸结合图解的设计、表达全过程工作方法（图5）。

五、成果解读

成果1：看：词到空间的转换——厦门大学现代艺术博物馆设计（2009年）

2009年的设计课题"从建筑元素到艺术转换：厦门大学现代艺术博物馆设计"将研究主题设定为"观念"：

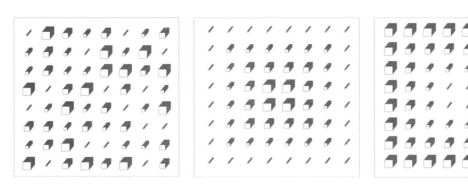

图4 示范设计：柱的画廊

1)

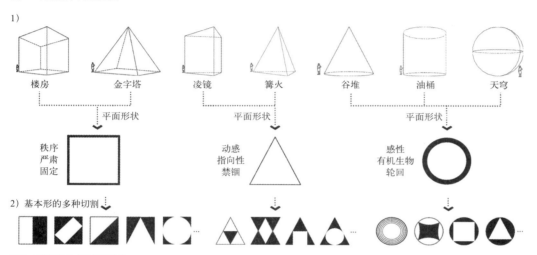

图5 学生研究"几何原型"
（作者：赖星宇）

既是艺术观念对建筑构思的启发，也是建筑设计观念的生成研究。该成果的练习部分以动词"看"来完成"动词—空间"的转换，以六种系列的观看方式研究"看"与"被看"，对应了博物馆空间的核心——"看与被看"：

方式1：普通的观看方式——对象容易被主体看见并且容易抵达；

方式2：对象能够被抵达，却不能被看见，可通过人为技术呈现其虚像；

方式3：对象可以被看见，但超出观看主体的正常视觉范围，产生运动无力感；

方式4：主体抵达对象，却只能看见对象的一部分，凭借记忆经验拼贴出对象的画面；

方式5：主客体置换，主体成为对象被观看；

方式6：主体与对象之间存在其他干扰介质，观看过程需要不断剔除杂质。

艺术博物馆的基地位于厦门大学化工厂原址，因此在建筑材料和形式上对原有建筑体现了较大的尊重。建筑空间设计较为完整地利用了练习的研究成果：在博物馆中，展览品应该是空间的主体，公共空间居于次要地位，两者之间通过路径与空间设计来形成关联。这一空间理念是该同学练习作业思路的延续和发展，同时也是对当前博物馆设计中"读者空间"设计过于丰富而取代了展览品核心地位这一现象的一种批判性思考（图6）。

成果2：45°方的减法——厦门大学大学生活动中心设计（2016年）

在当代大量城市更新和历史建筑保护设计中，现有或原有建筑的体量、体积是空间记忆和建筑体验的一部分。对现有或原有建筑进行重建设计时，基于建筑体积和空间的设计可以理解为一种建筑的"再生"过程。瑞士建筑师瓦勒里欧·奥加提（Valerio Olgiati）设计的巴斯蒂乐工作室（Bardill Studio, Scharans, 2007）是这个设计课题的起源之一，这座建筑取代了场地中原来的一座旧谷仓，建筑获得当地政府批准的前提是新建筑要具有和旧谷仓完全一致的体量。受巴斯蒂乐工作室设计的启发，我们发现厦门大学校园中心的一座风雨球场建筑具有相似的可改造性和更新的必要性。对这座建筑的"再生"设计既包含了功能的置换，也涉及限定体量的建筑空间和造型处理问题（图7，图8）。

将一座校园中心现有的风雨球场"再生"为大学生活动中心，从校园公共空间来说，是一种功能的替换，

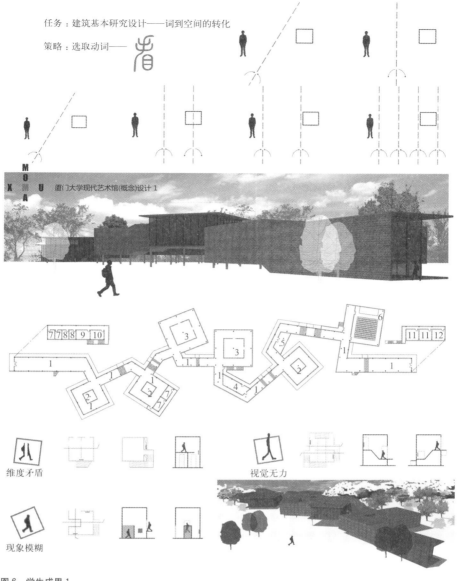

图 6　学生成果 1

（作者：丁洁莹）

图 7　厦门大学风雨球场现状

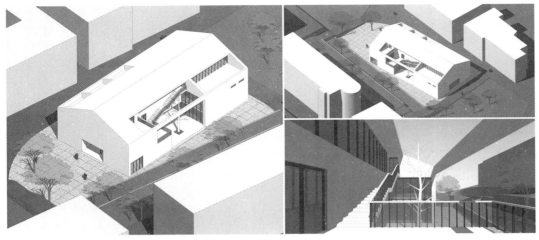

图8 教学示范：大学生活动中心设计

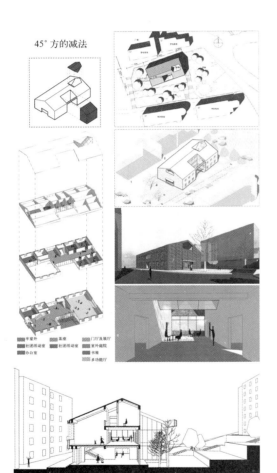

图9 学生成果2
（作者：郑毅）

从建筑形体而言，新与旧之间的关联性是这一课题要着重解决的问题。以"45°方的减法"命名的本设计从场地的空间特征出发，在"再生"的过程中，既设计了地面层的庭院解决了建筑的公共活动空间，也在屋顶上设计了必要的开口形成了对校园周边环境的呼应。最终生成的形体兼具"记忆"与"异质"的综合特征，有效地实现了校园建筑的"再生"（图9）。

六、总结

在《库伯联盟——建筑师的教育》一书的前言中，库伯联盟前总裁比尔·赖西（Bill N lacy）写到："在高科技、高消费的现代社会中，建筑是少数几个硕果仅存的行业，建筑至今还能让个人表现自己的想法，并且将这些想法转变成对社会永久精神与物质生活的贡献。"[8]建筑学作为一个将精神追求与社会服务紧密结合的学科，有必要在日常的教学环节中将学术追求与实践价值结合在一起。

厦门大学建筑系的"专题研究设计"课程是国内建筑设计课程改革大背景之下的一种地方性尝试和实验，既有对其他学校经验的借鉴，也有结合自身条件的思考。虚构练习体现了建筑学科的学术性和概念性，真实建筑的设计任务保证了设计教育的专业性与社会性。"专题研究设计"并不是一种新型的教学方式，而是一种对建筑学本体的深度回归，这种回归有利于加强对建筑本体问题的思考。在教学实践中，我们也意识到完成这一课程无论是老师还是学生都需要一定的知识储备，足够的知识储备是使教学在概念与技法、虚构与真实之间自由转换的保证。

* 厦门大学校长基金资助项目 (20720150085)

参考文献：
[1] Joan Ockman．Architecture School Three Centuries of Education Architects in North America[M]．Cambridge：the MIT Press，2012．
[2] 顾大庆，柏庭卫．建筑设计入门 [M]．北京：中国建筑工业出版社，2010．
[3] 吴晓东．从卡夫卡到昆德拉：20 世纪的小说和小说家 [M]．北京：三联书店，2003．
[4] Simon Unwin．Twenty-five Buildings Every Architect Should Understand[M]．London and New York：Routledge，2015．

[5] 张滨.建筑与艺术的观念化呈现 [C]//全国高等学校建筑学学科专业指导委员会.大连理工大学建筑与艺术学院主编. 2014 全国建筑教育学术研讨会论文集.大连：大连理工大学出版社，2014：464-467.

[6] 东南大学建筑学院.东南大学建筑学院建筑系四年级设计教学研究 [M].北京：中国建筑工业出版社，2007.

[7] 张卫平.荷兰建筑新浪潮——"研究式设计"解析 [M].南京：东南大学出版社，2010.

[8] 王方戟，王丽.案例作为建筑设计教学工具的尝试 [J].建筑师，2006,01：31-37.

[9] 张永和.对建筑教育三个问题的思考 [J].时代建筑增刊"中国当代建筑教育"，2001：40-42.

[10] 张路峰.设计作为研究.新建筑 [J].2017,03：23-25.

[11] 王飞，丁峻峰.交叉视角：欧美著名建筑与城市院校动态访谈精选 [M].北京：中国建筑工业出版社，2010.

[12] 约翰·海杜克编.库伯联盟——建筑师的教育 [M].林伊星，薛皓东，译.台北：圣文书局，1998.

图片来源：

图 1、4、7、8 作者自绘、摄影

图 2、3、5、6、9 来源于学生设计成果

作者：张燕来　厦门大学建筑与土木工程学院，副教授，副系主任；王绍森　厦门大学建筑与土木工程学院，教授，院长

面向研究生综合素质提高的"APPS"城市设计教学流程组织的尝试

苏毅[1]   许永耀[2]   张忠国   邓美然

An attempt to organize the urban design teaching process of "APPS" for improving the comprehensive quality of postgraduates

■摘要：研究生城市设计课的教学，因为学生受到应试教育的不利影响，在五个方面存有不足，阻碍了研究生综合设计能力的提升。为此，我们引入了基于"APPS（目标—方案—问题—结果）"方法的综合素质提升教学流程，增进了学生之间的交流与合作，在2017级和2018级研究生的设计课中进行了教改尝试，取得了较好的改善效果。文末，进一步讨论了APPS方法的改善机理及限制条件。

■关键词：研究生城市设计课教学 应试教育 APPS（目标—方案—问题—结果） 交流启发式教学 综合素质

Abstract：The teaching of postgraduate urban design course，because students are adversely affected by the education test，has deficiencies in five aspects，which hinders the improvement of postgraduate comprehensive design ability．To this end，we introduced the teaching process of comprehensive quality improvement based on the "APPS（target—schema—problem—result）" method，which enhanced the communication and cooperation between students and teachers．In the design courses of postgraduate students in 2017 and 2018，we made educational reform attempts and achieved good improvement results．At the end of this paper，the improvement mechanism and limitations of APPS methods are further discussed．

Key words：Postgraduate urban design course teaching；Exam—oriented education ；APPS（target—schema—problem—result）；Communication heuristic teaching；comprehensive quality

一、背景与问题

随着城市化进程的深入，从概念到实践，城市设计在建筑设计和城市规划中的重要性越来越受到社会各界的重视。对高等教育也提出更高的要求。相应的城市设计教学计划不仅要保持理论性和设计性，而且要更加强调能力的培养[1]。城市设计课的教学效果，决定了研究生进入职场的工作能力，特别是对那些进入设计院工作的同学来说，更是如此。随着特大城市生活成本提高、国家对过热的房地产市场进行调控，建筑和城市规划的研究生就业压力正在波动攀升。社会对研究生在毕业时的能力，有了更高的要求。同时，从设计实践中收获的经验和感想是论文写作不可或缺的思想宝库与案例基础。由此可见，城市设计课的重要性。

笔者于2013年开始成为研究生导师，迄今已有5年，亲眼所见历届研究生在城市设计课学习中的困难。不少同学因为研究生低年级设计课没有达到一定水平，迟迟无法进入科研和论文写作状态，导致研究生高年级发表文章和论文写作都遇到难以逾越的困难。也有些同学，虽然后来勉强完成了论文，但实习时无法表现出过硬的专业素质和交流能力，不大受用人单位欢迎，求职困难。

如果不坚决果断地在研究生城市设计课教学中进行教改尝试，在设计课教学环节积极去帮助学生，就会错失机会，将业务实践能力欠缺过硬的研究生推向社会，对于个人和社会都是负担。

学生在设计课学习上所遇到的这些困难，固然与学生本身的智商、情商、阅历、家庭背景有关系，但从共性来说，很大程度上是基础教育"应试范式"的知识结构在面临社会现实问题时所产生的不兼容所致。这些困难，对那些理想更高远或遇事更灵活的学生，特别是经过了艰苦生活磨炼的学生，往往会表现得轻微些；而对一些读死书的学生，特别是通过长时间的应试考研过程，来到新大学求学的学生，则表现得非常突出。

归纳起来，应试教育作用在学生身上，常产生5大残留问题，会严重阻碍研究生设计能力的提高：

其一，教育目标的被动。在应试教育下，包括当前的考研培训班的模式下，教育的目标，与学生千姿百态的个性以及学生对社会问题的丰富多彩的主动思考是完全剥离的，学生"千军万马挤独木桥"，老师则按照"考点"来"简化地"要求学生。学生的每日目标，被过于充裕的课时的讲授课限制得死死的，欠缺按照学生的兴趣禀赋，按照自己在团队中的相对特长，去制定针对性的目标。

其二，训练手段的过剩。在应试教育中，过分强调勤奋的价值，原本可以只通过少量习题即取得的教学效果，却要求学生把"德智体美劳"五育时间全用做题来取代。教师枉顾学生具体情况，普遍要求过高的重复率。学生盲目多练，而不去提高练习效果的效费比，一旦没有做大量的习题，没有完全覆盖各种可能性，学生就缺少变通发挥的能力，就会失去自信，难以举一反三。

其三，交流过程的欠缺。在应试教育中，团队协作与启发，始终没有开展起来，因为这与考试取得好成绩没有关系。学生只是单向听课，自己独自完成习题，自己再对标准答案，全是独自进行的。但踏入社会进入真正的职业生涯，几乎一切事情都是需要通过合作和交流去解决的。学生一进入社会，就发现自己的交流能力还相当薄弱，无法完成必要的工作交流。不敢说话，不注重言语表达。城市设计教学中通常以教师的讲课和评图为主，学生讨论、评析较少，教学模式单一，教学过程缺乏设计、引导。总体来说，学生主动性不够，参与性不强，整体缺乏交流、反馈机制，没有充分调动学生的积极性[2]。

其四，创新冲动的抑制。创新本身是人的本能，但由于应试教育是"本本教育"，只考考纲，答案只允许标准答案，这就抹杀了问题的复杂性和答案的多解性。现实对规划学科的要求却是随着社会发展而经常变化的，坚持昨日的"正确答案或标准流程"在今日就可能是愚蠢的"刻舟求剑"，而研究生却往往很难意识到这一点。城市设计不能只教学生如何进行城市设计，培养学生创新性思维对于学生设计能力提高更为重要。创新性思维在重视设计能力培养的同时，更加强调培养学生的独立思考能力和创新能力[3]。

其五，自我约束的缺失。在应试教育下，有非常多的模拟考试，而大学缺少了考试，不少学生感到的不是自由，而是迷惘。大学的学习生活，不是针对自身特点的优化，而是在混日子。对自己的每日状态没有很好的判断，常常到了交论文前才发现写不出来，意识到之前的时光都被荒废。离了考试和督促，自己就不会学习。

以上五点，都与应试教育的负面影响息息相关。但对于此，我们不能简单抱怨责备，因为研究生教育的目标，旨在改进不足，将学生身上不好的因素，转变成良好的；把不会思考的学生，转变成会思考的学生；帮助他们克服困难，最终能成为对自己和社会有用的人。

因而，需要采用问题导向型思路，见招拆招地去破解。

二、"APPS"方法的引入

为了克服这些困难，我们考察了香港大学、西安科技大学、同济大学、清华大学、天津大学的城市设计课教学，阅读教研文献和书籍，在暑期参加了Team20海峡两岸近30所高校的交流活动。近年来，还利用北京高精尖城市设计中心的经费支持，与新加坡国立大学、意大利米兰工学院、英国剑桥大学举办了联合工作营，借鉴先进经验。同时利用校外导师，征询设计院等用人单位对学生培养的看法，得到一些经验，可以提高本校城市设计教学的水平。

英国的教学模式通过合理有效的教学促进和激励学生提高自主意识和创新意识。美国的教学模式注重营造真实的工作氛围，提升学生的综合素质，突出开放式教学模式。城市设计作为一门交叉学科，为适应学科发展需要，必须通过将创新基因注入学生的培养中适应实践的需要[4]。特别是，香港大学以学生为主体，以综合性大设计为培养手段，以师生交流为教学核心环节的"课题研究型"城市设计教学组织方式，给了我们很深的震撼和启发；而香港大学培养的学生水准和职业精神，也给我们留下了深刻的印象。

以此为借鉴，我们逐渐摸索出一套适合北京建筑大学这样的地方建筑高校的交流启发式的"APPS"方法。所谓"APPS"方法，是"Aim（目标）、Plan（方案）、Problem（问题评估）、Sequences（结果预判）"这四个英文单词的缩写，为了简单易记，有时也用"So what（结果如何）"来代替"Sequences"，这四个字母组合起来恰好与移动互联时代的"应用程序 APPS"为同一词型，因而也很容易记忆。它是设计课中，团队交流的程序性内容。

例如，设计课辅导时，起初老师都可针对性地问学生，你目前的"APPS"是什么？随后，学生也可形成习惯，经常性地在工作室自问和互问。APPS 是分层次的，它可以分为近期工作内容（微观 APPS）、本课程层次（宏观 APPS）这两个层次，它们在时间上是环环相扣，紧密相承的，在内容上则有一定的分形（Fractal）特征。

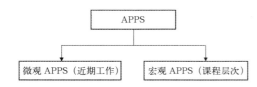

图 1　Apps 方法图解

三、"APPS"方法的运用

以下具体介绍"APPS"方法的具体运用方法。在第一个层次，即在"近期工作内容"层次上（微观 APPS）：第一问目标（Aim），最近要完成哪些图纸的绘制？第二问计划或方案（Plan），今天时间如何安排，准备画出哪些图纸来？第三提问题（Problems），这些图纸绘制中存在哪些问题？第四算结果（So What），如果这些问题都解决，会如何？如果不解决，会如何？

由于这些问题并不难回答，同学们实际掌握也比较顺畅。从经验来看，研一的同学已能较快掌握第一个层次，也就是微观 APPS 的内容。从学生反馈来看，在这些方面已取得了好的效果。有些学生将四项内容写在便笺纸上，贴在电脑旁边。

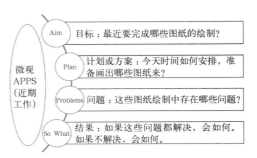

图 2　微观 APPS 方法的应用图解

在"本课程"层次上（宏观 APPS）：

第一步：在课程设计中询问学生，本课程的学习目标（Aim）是什么？比如 A 生最近对基于大数据的城市规划感兴趣，想拿本项目做个例子，做进一步探索。B 生可能没有想得那么清楚，那么可以耐心的询问，询问学生爱看哪方面的电影，过去得过哪些奖励，更欣赏什么风格的音乐或绘画，崇拜哪些名人名言等，在本科学习后，还有哪些未了的心愿，等等，以便看清学生的本性，了解学生的追求和志愿，根据学生的实际能力，帮助学生确立合理的学习目标。比如经过了解，发现 B 生希望最终通过学习，进入有政府背景的设计院工作，乐意多做政策性的工作。

我们不必强求学生一定要和项目要求完全一致。实际上，任何成年的学生都不是白板状态，而是一定的家庭条件下，使命、能力与兴趣禀赋的统一体，都应该根据自身特长要求，树立不同的目标。也可在设计项目中担任不同的职责。强迫有志于研究宏观政策的 B 生去做大数据，有志于技术探索的 A 生去搞政策，如果学生也都努力去做，应该会取得算数水平的累积，教一而得一，但不能举一反三，取得几何级数的进展。这就是对教学资源的浪费了。

第二步：学习计划（Plan）是什么？此时 A 生，可能也一时不会回答得了，老师就鼓励 A 生去搜集大数据方面的讯息。经过搜集，A 生可以制订自己的学习计划，比如通过视频教程，学会 GIS 软件、Rhinoceros 和 Grasshopper 的操作；通过看书学会 Python 语言，并在设计课题中进行尝试等。但限于经验，学生的计划还是粗疏的。此时，就可将交流扩大到工作室内部，同学们群策群力，一方面从经验上帮助丰富学习手法，一方面组织大家做进一步探讨，我们工作室目前所参与的实际工程或科研项目中，哪些是可以用大数据方法来帮助的。如果碰巧课题中需要大数据，那么就把这一部分工作交给特别有兴趣的 A 生去完成。

第三步：这个计划可能有哪些问题（Problems）？此时 A 生提出，如果最近的工作并不都是常规大数据方面的，而是生态方面的。那么老师就可以鼓励他（她）去做个兼容，比如生态和大数据，都需要用到 GIS 知识，那么学习就可以从 GIS 入手，去完成近期工作，尽可能在生态领域内做出大数据分析。待近期项目或近期科研工作完成后，再对网页爬取等可能与生态比较远的内容，再做出扩展。或者提出，我们工作室的网速或电脑配置，并不利于爬取大数据。其他同学看看有没有简单的办法，比如将内存集中在某台机器上或更新电脑设备等。只有明确了问题，才能去针对性解决。

第四步：解决问题的结果（Sequences）预期如何？这实际是反思，如果觉得乐观，那么就尽快完成工作。觉得解决完这些问题需要较长的时间，其中有关键性环节需要帮助，那么就可以通过交流，获得工作室的帮助，例如可以缴费报名参加一些关键技术环节的培训班。

由于宏观层次的 APPS 具有更多的复杂性和抽象性，学生掌握得不是那么顺畅。此方法不仅适用于设计课程进度的组织安排，也完全适用于设计内容的决策选择，其中的 Plan 指"计划"，也可用于指"方案"。

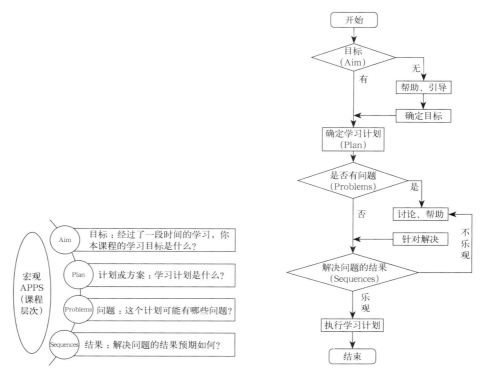

图 3 宏观 APPS 方法的应用图解（基于流程安排和基于方案比选的）

四、"APPS"教学组织方法在2017和2018两级学生中运用的效果

我们将"APPS"方法试用于 2017 和 2018 两级同学。从实际使用来看，经过大约两个设计课的训练，同学们已初步建立起来基于 APPS 流程的学习方法。经过学生王某的反馈，使用该方法后，学习兴趣、注意力得以调动起来。过去不知道彼此该交流什么内容，与老师该交流什么内容，经过 APPS 的提示，也变得更加清晰。对于项目的理解也加深了，也更加知道该如何去做设计了。设计能力也获得了更快的提升。过去学习比较被动，如今变得更加主动了。

通过每日组织一次 APPS 短会，整体项目时间组织更合理了，无效的熬夜赶图被控制了。例如 2019 级在设计一中采用了这种方法，结果比 2018 级减少了熬夜次数。

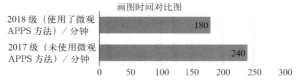

图 4 2018 级（使用了微观 APPS 方法）与 2017 级（未使用微观 APPS 方法）的画图时间对比

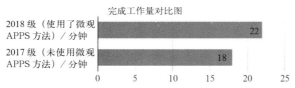

图 5 2018 级（使用了微观 APPS 方法）与 2017 级（未使用微观 APPS 方法）的完成工作量对比

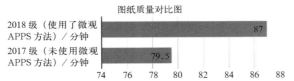

图6 2018级（使用了微观 APPS 方法）与2017级（未使用微观 APPS 方法）的图纸质量的对比

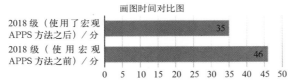

图7 2018级（使用了宏观 APPS 方法之后）与2018级（使用宏观 APPS 方法之前）的画图时间对比

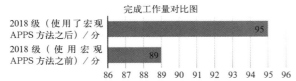

图8 2018级（使用了宏观 APPS 方法之后）与2018级（使用宏观 APPS 方法之前）的工作量完成情况对比

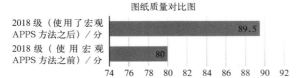

图9 2018级（使用了宏观 APPS 方法之后）与2018级（使用宏观 APPS 方法之前）的图纸质量的对比

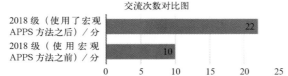

图10 2018级（使用了宏观 APPS 方法之后）与2018级（使用宏观 APPS 方法之前）的交流次数的对比

五、思考与总结

APPS 方法能极大改善教学效果。第一，它改善了学习目标的被动性，通过交流，使每个学生的学习意愿都得到了明确和尊重，发挥了学生在教学中的主人翁地位；第二，它改善了过剩的重复训练，因为问题一旦发生重复，很容易通过检查获知，而如果最终结果一样，也肯定会更倾向于简单的方法，而减少无谓的重复训练；第三，它增进了交流，由于中国人本身性格偏于内向，交流深度和广度都不够，通过分拆问题、规定程序，交流的效果得以提升，将每个研究生个体的问题，从蒙昧状态变为了透明状态。用集体的力量，去帮助解决个人发展中遇到的问题，提高综合素质；第四，能鼓励创新，由于实际工作之前，有预计结果的环节，当已有的方法不能满足时，创新也就自然而然地开始了，而集体的创新成果也能很快地带来个人进步；第五，能增进自我约束。荀子《劝学》曰："君子博学而日参省乎己，则知明而行无过矣。"而 APPS 也就是这样一面能反映自身志愿和努力的明镜。这5项应试教育的弱点得以一一克服，使学习过程能从应试教育的枷锁中解放出来[5]。

APPS 方法也有三个敌人，实际上在失败者身上，也经常可以找到这三种特质：

一是悲观。目前建筑行业本身有点低迷，传统项目越发难以实现其交换价值，但我们不能认为此困难会是永久的，而应该积极关心可能改善的方法，比如多学习海绵城市、环境、大数据、参数化等，积极去增加自身价值，做出转型。我们要想胜利，就要斗志昂扬，有革命乐观主义精神，不能随大流，用没有努力或用埋头努力而不思考的人的现实处境，去预测自己的未来，犯下"刻舟求剑"的错误。

二是侥幸。有些人不理解"人间正道是沧桑"的道理，总希望少努力而取得尽可能多的成绩，但怎么可能每次都如此幸运呢？这显然是抱有极大的侥幸，可能一时走得快，但难说一能走得稳，走得远。一天不练琴，自己知；三天不练琴，行家知；一月不练琴，听众皆知。

三是冷漠。在成员不能互相对话，彼此冷漠的集体里，APPS 的交流功能就难以充分发挥。

可以说乐观积极与交流协作，正是 APPS 方法的核心精神，也是研究生城市设计教学能取得成功的关键。十年树木，百年树人，也许两届的样本数量还过于有限，我们将持续改进这项实验，争取取得更佳的教学效果，使我校城市设计的教学水平，能有所提高。

（北京建筑大学未来城市设计高精尖创新中心资助项目 — UDC2018010921：新驱动下的未来城乡空间形态及其城乡规划理论和方法研究；

北京建筑大学未来城市设计高精尖创新中心资助课题 — UDC2016020100：城市更新关键技术研究）

参考文献：

[1] 杨俊宴，高源，雒建利．城市设计教学体系中的培养重点与方法研究 [J]．城市规划，2011,35(08),55—59．

[2] 邱翔，陈玉娟．基于目标导向式的城市设计教学方法探索 [J]．现代物业（中旬刊），2012,11(06),135—137．

[3] 肖哲涛，郝丽君．城市设计课程教学改革 [J]．华中建筑，2012,30(11),179—182．

[4] 戴冬晖，柳飏．英美城市设计教育解读及其启示 [J]．规划师，2017,33(12),144—149．

[5] 黄健文，刘旭红，池钧．城市设计课程多维融合式教学模式初探 [J]．华中建筑，2016,34(04),168—170．

图片来源：

图 1—10：作者自绘

作者：苏毅，北京建筑大学建筑与城市规划学院，讲师，研究生导师；许永耀，北京建筑大学建筑与城市规划学院，研究生；张忠国，北京建筑大学建筑与城市规划学院，教授，研究生导师；邓美然，北京建筑大学建筑与城市规划学院，研究生

建筑院校美术课程数字化教学研究

朱军

Research on Digital Teaching of Art Courses in Architecture Colleges

■摘要：随着社会的不断发展，数字技术在教育领域中的应用越来越广泛，如何在现代数字化背景下结合传统教学模式，进一步提高建筑美术基础教学的质量，本文将从近年来建筑美术教学的现状出发，论述数字技术在建筑美术教学中所起的作用，分析当前面临的问题，结合教学实践，总结相关经验探讨解决方法。使课程教学更具实效性和针对性，更加科学完善合理。

■关键词：数字技术 建筑院校 美术教学

Abstract: With the continuous development of society, digital technology is more and more widely used in the field of education. How to combine the traditional teaching mode in the modern digital background to further improve the quality of basic art of architectural art, this article will teach architectural art in recent years. Starting from the status quo, it discusses the role of digital technology in the teaching of architectural art, analyzes the current problems, combines teaching practice, and summarizes relevant experiences to explore solutions. Make the course teaching more effective and targeted, more scientific and reasonable.

Key words: Digital technology; Architecture colleges; Fine art teaching

引言

数字技术的迅猛发展和广泛应用，引发了一场深刻的社会革命，引起人们思维方式、审美取向、意识形态乃至思想观念的深刻变革;同样也将引起教学方式教育观念的重大变革，即"基于现代信息技术的学习革命"。如何从传统建筑美术教学走向现代美术教学时代，如何科学、有效地运用数字技术，让建筑美术教育更适应时代的发展，是一个值得探讨的问题。

一、科学技术与艺术的关系

随着现代科学技术的发展，出于认识世界和改造世界的目的，人们发明和逐步完善了各种科学仪器和设备。这些精密的科学仪器极大地扩展了人类的视野，从微观世界到宇宙空间，反过来又迅猛地推动了科学技术的进步。特别是计算机的发展和普及，传播和承载了空前的信息量，极大地提高了人类征服自然的能力。对于美术而言，科技同样带来极大的益处：现代科学仪器可以把物体一瞬间的形状、光与色及时全方位、多角度地记录下来，丰富了画家们的观察内容；同时各种先进的设备、工具、材料包括软件的丰富，也使艺术家的表现更加得心应手。而艺术家所从事的艺术创作，结果必然是工具、技巧、综合素质产生的艺术作品。

其实，科学技术在美术中的应用古已有之。当代英国著名艺术家大卫·霍克尼在他的著作《隐秘的知识：重新发现西方绘画大师的失传技艺》就探讨了这种应用。他仔细分析了欧洲从13世纪到18世纪的大量绘画作品，并按年代排序把这些作品图片排列在画室的墙上进行观察比对。霍克尼认为西方绘画史上有个巨大疑问：为什么在大约15世纪时画家们突然神奇地掌握造型技巧，使画面中的景物、人物十分精准。对于这种"隐秘的知识"，霍克尼认为其中的原理就是我们所谓的"小孔成像"。在透镜发明以后，当时人们按照这种原理，用一组透镜镜头，组合成了一个投影装置（类似于照相机暗箱）。画室非常幽暗，画室留有一个不大的洞孔，在洞孔之中放置投影装置。被描绘的物体或者人物位于画室的外面，影子通过投影装置投射在黑暗画室的画布上，被描绘的物体或者人物形象得以呈现。在画布上出现的图像是逆向反转的图像，当时的画家们进行描摹，最后形成具有强烈焦点透视和极强光影效果的立体写实画面。据此推断，文艺复兴时期的绘画大师如达·芬奇、拉斐尔、丢勒、荷尔拜因、凡·代克、委拉斯贵兹、哈尔斯、卡拉瓦乔等，都可能使用了当时发明的一些先进设备来帮助自己进行创作。而在今天这样一个数字科技时代，霍克尼迫使我们睁开眼睛，永不休止地探询——我们该如何充分利用科技带来的便利，重新认识我们观看和再现世界的方式。

科学技术与艺术的结合将人类引入了一个新的时代。数字化时代的到来，影响并改变了艺术本身，也改变了艺术教育。艺术教育传统的传承方式教学手段较单一，信息的覆盖面相对较窄。而数字技术的成熟，丰富了教学内容、教学方法、教学手段等，网络教育的发展更改变了艺术教育的空间概念。数字博物馆通过虚拟现实技术的成熟得以诞生，艺术家通过大量数字艺术作品的共享得到了前所未有的艺术资料。而所有的这些实现都与现代数字技术的发展紧密相关。通过数字化技术，人类已经打破语言的概括抽象，对世界的把握更为图像化和更为直观了。全球化的到来和数字化的出现冲击到各个领域，计算机的普及与互联网的应用让我们迈进到了信息时代。随着各种各样的数字化设备被广泛应用于艺术教育领域，新型的教学模式应运而生，这给我们的教学方式、教学理念带来巨大的改变。

二、建筑院校美术教学现状

建筑美术作为一门专业基础课，在各建筑类院、系中都有设置，它对建筑专业学生在观察和造型能力方面的提高具有重要的作用。通过课程的学习可以为后续的建筑设计课程打下良好的基础。建筑专业的学生一般文化基础比较好，这是由专业招生的特点决定的，但学生在艺术方面的水平参差不齐。在学习过程中，如何面对建筑美术这一基础课程，学生存在着很大的差异，一部分学生能较快适应，一部分则相对迟缓，甚至部分学生直至课程结束，都还没有摸出门道，给今后专业设计课程的学习留下了隐患。因此，如何加强艺术修养，如何进行这方面的训练，使学生对形态的理解和表达能力提高，是我们一直思考的问题。建筑美术教学一直以来是在沿用传统艺术院校的教学体系。虽然也进行过一些局部的改革、调整，但整体表现为教学模式的程式化。这种教学模式的优势在于可以通过对手工表现工具材料的熟练掌握培养学生的动手能力，与此同时也存在着一些问题。由于制作的费时性、课时安排的限制、学生的美术基础等原因，学生把大量时间花在了画面的制作上，而结果却不十分理想，教学效率偏低，给教学带来遗憾。我们认为美术基本素质的要求对于一名建筑专业的学生应不同于绘画专业的学生。在较短的教学时间内，应更加侧重创造力与想象力的培养。传统的绘画教学方法，对于建筑专业的学生来讲作业耗时长、效率低，同时可以说在某方面也限制了学生创造能力的发挥，课堂教学难以达到预想的效果，使建筑美术基础课很难发挥其基础的作用。

在数字化技术应用越来越广泛的今天，如何培养高素质的综合性人才这个问题，不可避免地摆在了我们的面前。在建筑设计人才的培养上，应该采取传统方法与现代数字技术结合的培养模式，而不是单一的、传统的某一画种或艺术风格的练习、复制式的教育。根据建筑专业学生的特点，结合现代数字技术，我们积极尝试有针对性地对现有的建筑美术教学进行改革。建筑专业的学生文化基础普遍较好，现代数字技术的接受能力普遍较强，这也为我们的教学改革尝试提供了可能。

三、建筑院校美术课程数字化教学应用

（一）建筑院校美术课程数字化教学方式

在传统建筑美术教学中，由于课时相对较少，许多美术基础知识的讲解较简单，往往让学生一知半解。现在我们尝试使用计算机三维动画演示辅助教学，在讲解透视、结构等基本知识相比传统教学更加形象生动，在有限的时间收到较好的教学效果。在具体的教学实践中，讲解原理时结合三维动画不同窗口的显示让学生观察，对学生固有观念转变起到了明显的作用。著名的现代主义艺术大师塞尚开启了现代绘画理论的大门，他曾经说过："应当把大自然当作一个圆柱体、一个球体、一个圆锥体，一切都可入画。"这也是我们在进行美术教学时重点强调的。为了让学生更加深刻地认识、理解这些道理，我们运用现代数字三维技术进行生动的教学演示，让学生在较短的时间内掌握绘画的观察方法，理解和掌握物体结构原理。如圆形透视变形在我们的教学中既是重点又是难点。我们在德国包豪斯学校学生的结构素描中可以看到大量的关于圆形透视的辅助线表现的空间感，虽然计算机三维软件在那个时代还没有问世，但是这与三维线框的显示方式来观察物体的方法却有异曲同工之妙，也就是通过辅助线在二维平面描绘三维立体效果。这种效果原理与三维软件的线框图显示是相同的，这对学生理解在平面中表现三维立体结构十分有帮助。在此基础上，通过三维演示进行对比，使学生理解起来更加深刻。在数字三维动画软件中，界面的立体空间效果是由计算机图形学编程所构成的，其本身就像是一个我们透过窗口看到的虚拟三维世界，这种窗口观念也正是欧洲绘画发展中提出的。电脑屏幕显示的是一个二维平面，三维物体在二维平面上的成像和投影形成了三维软件的界面效果，而这种演示能培养学生对真实物体的观察和理解能力，帮助学生理解和掌握物体结构。三维演示界面中对模型有多种形式的显示方法，如透明度、材质纹理、线框等，同时物体的呈现可以自由变换、全方位旋转，对物体的局部与组合让人一目了然。对建筑美术教学极有帮助价值。

（二）建筑院校美术课程数字化教学内容

1. 数字技术辅助写生训练

在欧洲利用工具辅助绘画具有相当的历史，除水平仪和取景框等简单工具外，文艺复兴时期的画家们还发明了不少复杂的装置和精密的仪器。而现在谈现代技术辅助教学，其渊源与人类对客观世界的研究与观察是分不开的，一个多世纪前照相机的发明与画家在过去使用暗箱辅助绘画有着紧密联系。现在数码照相机已经广泛普及，普通大众都能拥有。除一般摄影和记录外，作为美术训练辅助工具，数码照相机也是非常有效的。利用数码相机辅助绘画训练看似简单，其实有许多方面值得分析和研究。在课堂写生训练时，当学生面对丰富多彩的色彩变化，面对三维对象在二维平面上的空间透视变形，利用数码相机可以瞬间捕捉到绘画对象呈现的黑白层次关系，以及立体物体的平面二维图像、直观的透视变化。这对缺乏绘画经验的学生来说是一个很好的帮助，对他们观察、认识物体有不少启发作用。就像在文艺复兴时期的画家们一样，他们利用玻璃网格和暗箱设备来辅助绘画，就是要帮助解决三维物体转换为平面形象的问题。

另外，一些随身数码产品如手机、PAD等，随着软、硬件的不断完善，绘画体验不断提升，可以轻松地做出许多纸上难以表现的效果，绘画的魅力不可同日而语，学生也都颇为喜欢尝试。我们还向学生介绍一些当代艺术家的数码作品，如著名艺术家大卫·霍克尼使用Ipad进行创作的作品，这都增加了学生的学习兴趣。

2. 数字技术辅助创意表现

建筑类专业与传统美术专业有许多不同之处，更加强调对学生想象力与创造意识的培养。在平时美术教学中怎样使数字技术与创造意识相融合也是我们教研的内容之一。从历史上看，任何一种新技术的产生都会对人们的艺术活动产生重要影响。数字技术将传统的二维、三维的创作空间拓展到四维空间，这无疑大大地开阔了人们的审美视野。现代艺术的一个特征就是绘画的多元化发展。美术基础训练在国内外艺术院校中也开始打破单一的教学方法，注重画面形式表现，结合构成艺术的美术教学在建筑类专业都有尝试。使用数字技术辅助创意表

现教学同样有不少优势和方法。平面绘图软件的各种滤镜工具、三维软件的各种变形工具和各种特效工具，图像的解构、合成、变形等操作十分便捷。在教学过程中我们给学生演示其变形过程既形象又生动，能培养学生在学习过程中的发散性思维，对整体意识和画面语言的训练都有帮助。同时，我们也向学生介绍了许多国外当代数码艺术家的创意和表现技巧，并让学生对他们的作品进行分析、讨论。

在建筑美术教学中，教授学生掌握绘画造型技巧的过程，也是一个培养审美能力和学习视觉语言的过程。绘画的基本要素在美术教学中都应有所涉及，使用平面和三维软件辅助绘画要素的构成训练也能大大节省学生的学习时间。数字技术的优势不单单是前所未有的表现形式，与其他传统绘画工具相比，可以将学生瞬间产生的创作灵感迅速转化为艺术作品。过去需要几天或者几个星期完成的一幅作品，现在运用数字技术只需很短的时间即可完成。运用数字技术创作时，学生无须担心最初的创作灵感会在作品漫长的制作过程中模糊或消失，使学生的表现更加迅捷、方便、自由。

结语

随着时代的进步，数字技术在建筑院校美术课程教学中的应用会越来越广泛，课程改革是一种必然趋势。面对新型的教育途径，要求我们建筑美术教师要不断在教学方法上推陈出新，不断增添新的教学内容，营造最理想的教学环境，更加注重培养学生适应变化的能力，使学生在实践中成长，发挥出自己的潜在能力，使有限的学时发挥出最大的效能。

中国建设教育协会教育教学科研课题（批号：2017009）

参考文献：
[1] 凌继尧，徐恒醇．艺术设计学 [M]．第三版．上海：上海人民出版社，2001．
[2] 袁熙旸．中国艺术设计发展历程研究 [M]．第二版．北京：北京理工大学出版社，2003．
[3] 迪尚．电脑图形设计 [M]．第三版．杭州：浙江人民美术出版社，2005．

作者：朱军，北京建筑大学建筑与城市规划学院副教授，研究生导师

绿色智能建筑专业"复合型"人才培养模式的探索与实践

郭娟利　刘刚　周婷

Exploration and Practice of "Compound" Talent Training Mode in Green Intelligence Architecture Specialty

■摘要：以跨学科的优质资源整合为基础,以法国工程师教育与本土化教学体系为参考,以"工程师素质、国际化视野和创新能力培养"为目标,重新确定天津大学"智能建筑"专业的建设内涵和目标,探索适宜于中国教学体系的工程师培养模式。该学科体系强调跨学科与实践应用,以"导师团"和"课程实践"为载体,探索从"基础研究为主"向"应用引起的基础研究为主"转变,从"各自为战的科研模式"向"团队合作科研模式"转变,构建基于国际化、跨学科、校企化的"开放式"智能建筑教学培养模式。

■关键词：智能建筑　工程师教育　跨学科培养

Abstract: With the goal of building qualities of engineer, international visions and raising innovation abilities, the paper redefined the connotation and object of the "Smart building" major's development in Tianjin University, and explored a suitable engineer cultivation mode for teaching system in China based on the interdisciplinary integration of high—quality resources, the education of engineers in France and the localization teaching system. Taking "mentor group" and "course practice" as carrier, the disciplinary system emphasizes interdisciplinary and practical application and explores changes from "fundamental research" to "fundamental research caused by application", from "scientific research mode by oneself" to "scientific research mode in teamwork". Meanwhile, the system is building a open teaching training mode in Smart building major based on the idea of international, interdisciplinary and university—enterprise cooperation.

Keywords: Smart building; Education of engineer; Inter—disciplinary cultivation

引言

信息技术的发展,智能化技术逐渐拓展到建筑领域,《智能建筑设计标准》(GB/T

50314-2006）中对智能建筑的定义如下："以建筑物为平台，兼备信息设施系统、信息化应用系统、建筑设备管理系统、公共安全系统等，集结构、系统、服务、管理及其优化组合为一体，向人们提供安全、高效、便捷、节能、环保、健康的建筑环境[1]"。从这个定义中可以看出，智能建筑的研究包含两个方面：一方面是建筑作为需求端与使用端，在前期设计中应该通过适宜的设计方法与手段，尽可能为建筑提供舒适的健康环境；另一方面，信息化设备作为控制端，其目的是为了使能源的利用更加高效、使用的方式更加便利与安全。智能化的实现在某种程度上又依赖于环境智能化、能源利用智能化的推进速度。

智能化手段为绿色建筑的发展形成了更多的可能空间与机会。互联网的快速发展改变了人们的生活方式和行为规律，同样也改变了人们对于建筑的使用方式和需求模式。物联网与建筑的结合实现了人与物、物与物的智能监测与识别，从而实现基于以"人为主体"的能源需求和智能控制策略。习总书记在首届世界互联网大会的贺词中指出：当今时代，以信息技术为核心的新一轮科技革命正在孕育兴起，互联网日益成为创新驱动发展的先导力量。[2]应用信息技术实时感知、采集、监控建筑在运行管理中的数据，实现运行系统能源优化与室内舒适的智能分析和决策优化。互联网技术、人工智能、数字化技术嵌入传统的建筑美学设计，使建筑逐步成为互联网化的智能终端。

根据建筑发展的社会需求，如何培养在学期间就能循序具备作为职业工程师所具备的"开放式"教学的综合目标。"开放式"教学主要是针对以往教学方法的一贯性、局限性和师资队伍的单一性而言，总结出以"培养国际视野下的创新型复合技术管理人才"为目标，强调"国际化""开放式""跨学科"的教学理念，同时利用"企业实践"的模式实施。

1 现状问题

一直以来关于智能建筑的定义被局限和狭隘地理解为弱电工程，由此产生了对教育导向的偏差。智能建筑是指通过将建筑物的结构、系统、服务和管理根据用户的需求进行最优化组合，从而为用户提供一个高效、舒适、便利的人性化建筑环境[3]。现在对智能建筑的理解趋向于从人的需求角度出发，去延伸他的设计脉络，从建筑设计、节能设计、智能设备与控制、信息控制等几个角度进行集成设计。

现阶段智能建筑的发展方向存在"重智能、轻设计，重控制、轻管理，重硬件配备、轻需求引导与相关技术集成，重结果、轻目标引导与控制"等问题，传统的智能建筑从设备配备、设备管理、网络结构设计、数据管理、网络物理链路、监控设备管理、物业管理系统应用和运行管理六个方面来实现，但是智能建筑作为绿色建筑发展的高级阶段，离不开设计载体智能化的实现方式。

2 教学体系与技术措施分析

智能建筑专业工程师的培养定位是既掌握尖端技术又精通管理的高素质人才，是由培养复合型人才的知识体系和结构决定的。理论教学与实践培养贯穿于整个教学过程的始终，既注重培养工程师的数理基础、人文和管理方面的能力培养，又通过企业授课、实习和项目联合培养学生的实践动手能力。

2.1 研究方向

依托天津大学现有的优势学科、智能建筑发展趋势和国家的重大需求，将智能建筑专业的研究方向分为以下三个方面：

1. 智能建筑设计层面的技术和科学问题

根据国际技术前沿问题，依托建筑设计优势学科，带动计算机、数学、物理等相关学科进行交叉学科点的研究。根据建筑室内外空间中的相互关联因素，包括建筑美学、功能、物理环境、人体行为、造价等，大量提取建筑几何、物理材料的属性、气候因素等信息，运用设计软件与建筑性能模拟软件的协同设计研究方法，对多目标参数进行关联参数求解来预测建筑物的性能（包括建筑墙体的热性能、窗户的热性能、采光、通风、空调系统等），建立智能优化算法的建筑性能优化流程，为智能建筑的设计提供一种快速、快捷、有效的设计方法。

2. 绿色建筑的智能化运行

依据国家重大需求，依托建筑设计、建筑技术、暖通空调、自动化等优势学科，发挥学科集群效应，解决我国绿色、低碳、节能生态建筑的智能化设计建筑的真正的短板。该方向分为两个研究阶段：

（1）绿色建筑运行中的被动式技术。

根据气候变化和使用功能等要求，对空间的可变性设计、复合可调节围护结构、遮阳构件、天然采光、自然通风技术等进行智能化设计并结合功能需求进行人性化调节，在保证温度、湿度、通风、采光等物理环境舒适度的基础上，最大限度地节约能源。

（2）绿色建筑运行中的主动式技术。

通过建立建筑运行工况检测系统，对建筑物理环境及能耗运行情况进行智能化检测和评估，根据实际情况对建筑中的供暖、制冷、通风、照明等主动式技术进行智能调节与优化，提高设备系统的运行效率。

3．建筑健康度的智能化监测与评估

建筑结构的健康监测系统是保证重大工程结构的重要手段，对建筑结构进行全寿命健康监测成为了整个社会的迫切需要。对于古建筑及超高层建筑的健康度智能化监测，可以解决遗产保护和大量既有建筑隐患预警[1]。基于以上研究需求，依托建筑遗产保护、结构工程、精密仪器等优势学科，发挥学科集群效应，教育体系主要针对以下两个方面实施：

（1）古建筑遗产的智能化监测基于古建筑遗产的价值与风险评估，综合利用传感、信息、计算机、遥感、图形图像分析以及物联网等科学技术对建筑本体及其周边环境在不同尺度层次上的变化进行监测，实现建筑遗产监测数据的自动采集、分析、预警和可视化展示，为建筑遗产的保护提供科学支撑。

（2）结构向大跨度、大开间及超高层方向发展，针对重大工程结构长期健康监测的特殊环境和要求，研制开发新型智能传感元件和无线传感网络，研究基于监测信息的结构实时损伤评估方法，建立重要建筑结构的全寿命智能监测、健康检测和风险预警技术体系，明确服役期建筑的安全状况。

通过生态建筑的智能化设计、绿色建筑的智能化运行、建筑健康度的智能化监测与评估三个研究方向的教学体系的建立，形成生态建筑的智能化设计、绿色建筑智能化运行、建筑健康度智能化监测与评估的智能建筑全产业链，可以拓展智能建筑的研究领域和范畴，形成符合时代需求的智能化教学体系。

2.2 培养体系

天津大学智能建筑专业的培养体系是在天津大学传统培养方式的基础上，结合法国工程师的培养方式，采取主导师配以多位其他专业导师的导师团模式，更加体现跨学科与国际化。三个研究方向及相应团队中的导师存在较强的学科交叉性，形成学科集群效应以及新的学科增长点，有利于培养"一专多能"的复合型人才。根据研究方向，培养方向分为以下几个方面：

1．课程包体系

该课程包不同于澳大利亚的训练包（TP：Training Package）和香港的课程包（CP：Curriculum Package），是根据研究方向的培养目标对相关课程进行打包分类，每个包中包含若干个理论与实践课程。法国工程师的培养课程体系比较全面，但是结合中国的教育培养体系，在实施过程中，发现问题如下：课程分布在3年研究生学习过程中，上课时间过长，且每门课程的实验学时过长，学生没有完整参与科研和工程实践的时间和机会，为了更好地培养学生的实际工作能力，结合三个研究方向，将目前相对散乱的课程按照课程方向打包，分为：建筑学、结构工程、环境工程、计算机应用技术、通信技术、自动化等，有针对性地将课程体系划分为六个教学课程包。具体的研究体系如图1所示。

2．国际化授课体系

除了法国方面提供的外籍授课教师资源，智能化建筑方向从美国、英国、意大利邀请国外教师进行现场或者网络课堂教学，实现国内外同步授课，进一步实现国际化授课资源的共享。

3．专题讲座体系

根据三个培养方向确立研究性或实践性较强的智能建筑课题，并结合研究需要开展企业专家专题讲座，实现研究内容与企业需求的对接。

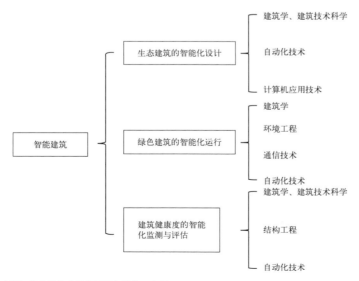

图1 天津大学智能建筑人才培养课程包结构示意图

2.3 "导师团"队伍的建立

根据智能建筑三个研究方向的特点组建具有相关研究背景的教师形成跨学科导师团队。生态建筑的智能化设计导师团由建筑设计、建筑技术科学、计算机等方向的导师组成。绿色建筑智能化运行导师团由建筑设计、建筑技术科学、暖通空调、自动化、计算机等专业的导师组成。古建筑及在役建筑健康度智能化监测导师团由建筑历史及遗产保护、建筑技术科学、结构工程、精仪、自动化、计算机等专业组成。每个导师团队都包括学术能力很强的中年学术带头人和数位青年骨干教师组成，且导师团成员来自不同学科，利于形成学科交叉，推动三个研究方向的发展。

2.4 依托现有研究平台，完善教学与科研实践平台建设

结合已有的科研平台，将建筑学院的 sunflower 太阳能小屋、集装箱阅读体验舱、低碳建筑实验平台和世界文化遗产颐和园监测平台等实体科研平台投入本专业的教学与科研中，在这些实验载体中完成智能化设计、智能化的运行监测与健康度的智能化监测与评估，根据研究成果继续完善该研究平台的建设。

3 智能建筑人才培养模式

天津大学早在五年前就立足于国际视野，旨在培养高水平国际化通用型工程人才。在中法建交 50 周年之际，天津大学和法国尼斯索菲亚综合理工学院合作创建的"天津大学国际工程师学院"于 2014 年 5 月 13 日正式成立，该学院旨在教学改革、校企合作和科研组织方面进行多学科优势资源的整合。该学院从 2014 年 9 月开始培养研究生，学生毕业将获得法国工程师职衔委员会（CTI）及欧洲工程教育体系（EUR-ACE）工程师学历认证证书。法国的工程师教育体制强调理论联系实际，注重企业实习实践与多学科的交叉融合，培养工程师独立分析问题和解决问题的能力，并注重创新思维能力的训练。在借鉴法国工程师教育模式的同时，结合我国人才培养的需求，依托天津大学建筑学院，形成了智能建筑研究方向。

经过与国内中建集团、中国建设科技集团等领军企业的多方座谈，法国尼斯大学实地考察和研讨，以及天津大学"教育部低碳建筑引智基地"和美国、日本、英国等国的专家多轮讨论，基于国际上的发展前沿和我国实际需求，重新确定天津大学"智能建筑"专业的建设内涵和目标：以建筑、建筑群、室内外环境等方面为研究载体，以智能技术为主要支撑手段，以建筑的绿色、安全、舒适、便捷、健康、美观等为目标，综合运用建筑设计、建筑技术科学、土木工程、计算机技术、网络通信技术、自动化控制技术及电气技术等多学科技术，形成新兴交叉学科。针对前沿智能建筑行业中产品研发、系统集成、工程设计、施工监理和运行维护的新需求，培养具备集建筑设计、研发、管理为一体的复合型国际化的领军式的技术管理人才。教学体系的制定基于以下几个方面：

3.1 招生

该学科的生源来自于不同的基础学科，包括土木工程、热能与动力工程、应用物理、自动化等专业，从而实现本科、硕士统筹的工程师硕士培养模式。首批设置了 3 个专业方向，每个方向 15—20 人，总规模控制在 60 人。首批学生从全校范围内 2011 级本科生及 2014 级硕士新生中进行选拔，具体选拔标准，是从三年级本科生及已录取的研究生新生中，参照法国工程师阶段入学标准，选拔部分优秀学生进入中法工程师实验班，暑期强化培训后，进行第二次筛选，合格的学生（本科生通过保研渠道）进入工程师阶段进行培养，一年后进行第三次筛选，未通过的按相近的本科专业毕业，通过的继续学习（硕士阶段），毕业后授予天大本科及硕士毕业和学位证书以及 CTI 证书，未通过的可按相关研究生专业培养方案继续学习。

3.2 培养

智能建筑按照方向对课程进行打包分类，分别为：建筑学、建筑技术科学、结构工程、计算机应用技术、通信技术、自动化六个教学课程包。每门课程根据教学内容分为 1/3 的理论课，2/3 的教学实践课将理论内容综合运用到一套步骤明晰的设计方法中，将力学、构造、自控、节能等分成几个模块的专题训练，每步操作都有明确的教学目标及训练手段，强化以多学科交叉为导向的智能建筑设计方法。这种教学方法可以解决我们目前教育发展过程中的"教学分离"通病。加强学科交叉中建筑设计与建筑物理环境、建筑法规、传热学、自动控制概论等理论课的教学分离，以及建筑设计与建筑结构、建筑材料、建筑构造等技术课的教学分离。

参照法国工程师阶段课程的安排，由双方相关专业教师与合作企业进行商讨，确定每门课程的具体内容与开设方式，包括：授课教师、授课语言、开课学期、实验条件等。在法国课程体系之上，增加基于建筑学专业的技术类课程：如建筑学概论、设计中的参数化建模、建筑物理、建筑节能、建筑物理测试技术等课程。这些课程的设置，使学生初步掌握智能建筑最终的实现载体是什么，需求是什么，信息技术在建筑中如何一体化实现。这些课程的设置也区别于传统的建筑学教育，强调至少 2/3 的实践教学，属于理论与实践相结合的课程体系与培养模式。

3.3 校企合作

该工程师教育强化从"知识导向型"向"能力导向型"转变，强调智能建筑人才培养紧密联系社会需

求及职业化需求。通过建立企业俱乐部和校企实践基地，与综合实力强的大型设计院联合建设企业实践基地和设置以企业教学为主导的执业拓展课程，形成高效的校企协调教学机制。第一阶段为期一个月的"蓝领实习"，学生深入到一线的设计团队，通过对以实际项目问题为导向下的建筑设计、暖通空调、自动控制与节能设计的关联度进行认识，企业导师借此阐明各专业的协调设计与各自的角色定位。通过这个阶段的训练可以让学生明确智能建筑的理论知识框架并训练他们的实践认知能力。第二阶段实习即硕士第二年的下半年，这次实习是"技术员实习"，为期3个月。在这次实习过程中，学生应大量接触工厂生产的实际情况，学生以工程师助理的角色深入学习专业知识，最后形成实习报告并作实习答辩。此次实践中应进一步明确自己的职业规划。第三次企业实习在第6学期，即硕士第三年的下半年。这次实习是"工程师实习"即毕业实习，为期6个月，获得科学研究与设计优化的双重训练，实现理论知识、工程实践与科学研究三者的融会贯通。通过实践课的设置，强化"发现问题、分析问题与解决问题"的逻辑过程，实现"工程实际人才"与"多学科创新型人才"培养的转变。具体的实践流程如表1所示。

智能建筑专业校企联合培养示意图　　　　　　　　　　　　　　　　　　　表1

	目标	课程群	实践课程	实践基地	周数
实践教学课程	蓝领实习	智能建筑认知	设计基础认知实习	智能建筑参观	2
			项目流程	企业实习	4
			项目解读	讲座	2
	技术员实习	技术拓展	绿色建筑技术	企业实习	4
			自动控制	企业实习	4
			暖通空调	企业实习	4
			专题设计	智能建筑设计坊	8
	工程师实习	应用研究	技术实践	产品研发	24
			管理实践	项目管理	24
			综合实践	系统集成	24

3.4　就业方向

通过教学目标建立与市场的需求，毕业学生主要面向设计院、工程公司、科研院所、房地产、政府相关部门等，主要从事智能产品开发、智能化系统集成与智能化工程建设与管理等相关工作。

4　结语

智能建筑的教育是在参照法国工程师体系教学模式的基础上，继承我国传统教学模式基础上的一种探索。到目前为止，天津大学建筑学院多学科、导师团梯队的建立，培养的第一批学生已经步入大三。通过与企业的对接实习，得到了用人单位的评价与反馈，得知：学生的复合化专业背景及执行力得到了社会的认可与较高评价。因此，我们的智能建筑高等教育只要能把握好市场的前沿需求，把握精准的市场定位为社会输送复合化的专业技术人才，这与国家积极推进协调创新的目标一致，实际包含了在高等教育中高校教学管理与社会对接的同步，是"协同"而非"接力"。但受主客观多方面的限制，依然存在着不足之处。例如：校企实践基地的建设不够完善，也急需拓展更丰富的实践基地满足多样化的教学需求；应进一步加强对位交流与合作；相关的规章制度不够完善等，需要我们在下一步工作中加以完善。

在强调"开放式"的智能建筑教育的道路上，"导师团"及"跨学科"的创新手法都将作为"开放性"的教育理念核心，这也将成为对于更加复杂化社会需求和科技发展而产生的必不可少的应对方式。

参考文献：

[1] 钱丹萍．绿色建筑智能化与标准 [J]．绿色建筑．2014，1：65-67．

[2] 叶纯敏．来自首届世界互联网大会的声音 [J]．金融科技时代．2014，12：1

[3] 刘晋．建筑智能化企业 ERP 系统的功能模块研究 [D]．南京理工大学．2012

[4] 沈万玉．重大建筑结构健康监测系统设计与实现 [D]．大连理工大学．2015

[5] 熊璋．参与国际竞争的通用工程师教育 [J]．北京教育：高教版．2014，12：11-13．

作者：郭娟利，天津大学建筑学院讲师，博士；刘刚，天津大学建筑学院教授，博导；周婷，天津大学建筑学院副教授

类门型建筑在形式上的异同研究

——以鸟居与牌坊为例

刘梦瑶

A Research on the Similarities and Differences in Form of Door-like Buildings ——Take Torii and Archway as Examples

■摘要：牌坊和鸟居分别是中国、日本民族文化的象征标识之一，两种外观相似度极高的类门型建筑物背后所承载的中日传统建筑思想在很多层面上和而不同。本文通过对日本部分鸟居以及中国具有代表性的北京地区、安徽地区的牌坊样本对比，从基本造型、材料、颜色、形制、功能等角度入手，以其在空间中与周边环境配合形成的空间效果作为研究重点，结合中日传统建筑思想，详尽分析其外观形式、整体空间关系的异同原因，解析鸟居和牌坊的空间意象，学习传统类门型建筑在空间中的作用，并加以尝试。

■关键词：鸟居和牌坊；设计符号学；类门型建筑物；形式异同；空间意象

Abstract：Archway and torii are both one of the symbols of our national culture. The traditional architectural thoughts of China and Japan carried behind these two kinds of door like buildings with fairly high appearance similarity are harmonious but different in many aspects. Through the comparison of some torii in Japan and representative archway samples in Beijing and Anhui regions in China, this paper starts with the basic modeling, material, color, shape, function and other angles, taking the space effect formed by the coordination of torii in space with the surrounding environment as the research focus, and combining the traditional architectural thoughts of China and Japan, to specifically analyze its appearance form, and the similarities and differences reasons of the overall spatial relationship, as well as explain and analyze the spatial image of torii and archway. Learning the function of traditional door—like buildings in space, and trying it out.

Key words：Torii and Archway；Design Semiotics；Door—like Building；Similarities and Differences in Form；Spatial Image；

　　牌坊和鸟居虽然起源时间有争议，但都已有千年以上的悠久历史，并且两者现存的数量也都有相当的规模。两种极为相似的门形建筑在两国浩浩汤汤的传统建筑长河中，占据着不可或缺的地位。就像日本学者提到的"日本和鸟居的关系密切到就像空气和水"。也正因为太常见了，以至于很少有人对它们进行深入的思考和比较。对两国来说，为什么都选择了类门型建筑作为建筑或区域的入口，它们在形式、颜色、功能等方面到底有怎样的异同，这些又是什么原因造成的，它们本身在环境中又扮演着什么样的角色。笔者希望通过深入的分析中日类门型建筑异同，发现其中的规律，以期对我们目前的设计办法提供一些帮助。

一、鸟居和牌坊的基本概况

（一）虽然在起源时间上有待考证，但目前证据表明：鸟居出现早于公元 6 世纪，约有 1300 年历史。"鸟居"在《国语辞典》中的词意是："建于神社入口的门。"它是日本神社的附属建筑，代表神域的入口，用于区分神栖息的神域和人类居住的世俗界。看到鸟居一般暗示着附近有神社属性的大型建筑群。

除"鸟居"称呼，在日本《神道名目类聚抄》《古今神学类编》等书中提及有"华门""华表""衡门"的称呼，从侧面证明鸟居在发展的过程中曾受到中华文化的影响。

据日本文化厅数据统计（平成 25 年 12 月数据），日本约有鸟居 11 万多基。从基本形态可划分为神明系和明神系两大类型（图1），神明系出现较早、级别较高，用于祭祀天照大神的鸟居，如伊势神宫。明神系鸟居修建于日本神道领域普遍神格，其形式受到公元 6 世纪后半期佛教建筑技术由中国传入日本的影响（发展时间轴见图2）。

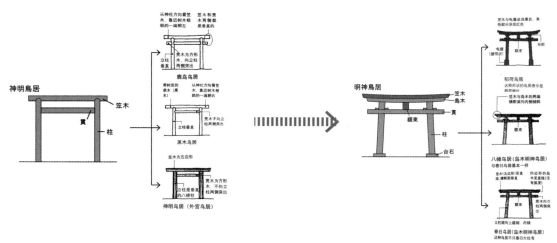

图1　鸟居的分类（图片来源：底图《日本建筑解剖》笔者再绘）

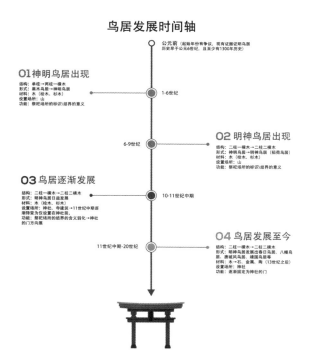

图2　鸟居发展时间轴（图片来源：结合资料笔者自绘）

鸟居的结构变化是由两柱一横木向两柱两横木发展。形态上由直立柱向内倾斜柱发展。同时，笠木出现向上的弧度，造型上也愈加丰富，逐步增加了岛木、贯木、额束、台座、台轮、注连绳等附加部件。这些附加部件很多暗含一些宗教含义，根据所供奉的神明的具体情况，鸟居也会在附加部件上有自己的特点。在颜色上，鸟居由木质本身的颜色部分发展为红色。根据文献研究资料，笔者总结出下图十四种鸟居变化类型（图3）。虽然受到多方面的影响，但日本始终未放弃最初简单的直线型的神明鸟居，并作为特别门类保存。由此出现了今天神明、明神并存的现象。

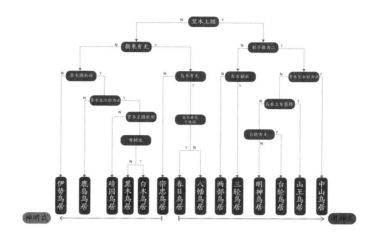

图3　鸟居类型（图片来源：结合资料笔者自绘）

（二）牌坊在起源时间和起源来源上在学术界有多种说法，笔者认为多部文献提到的：牌坊起源可追溯到春秋中叶（约公元前 1046 年－公元前 256 年）的"衡门"的说法可信度最高。目前国内对牌坊的文化研究材料较为丰富，整理金其桢先生《论牌坊的源流及社会功能》，楼庆西先生《牌坊》以及梁铮先生《牌坊探究》等内容，对牌坊的发展变化形成了以下关系概念。牌坊的功能类于传统建筑群体或区块的大门，其起源于最初两柱一横梁的院门，这种院门被称为"衡门"。汉唐时期，中国实行"里坊制"，坊门用于分隔城市的各个区块，一方面方便统治，便于城市治安，另一方面，因为牌坊的特殊位置，当时的官府常张贴告示、表彰等，使牌坊有了早期旌表的功能。牌坊随着"里坊制"的解体发生了质变，最终发展出今天的面貌（发展时间轴见图4）。

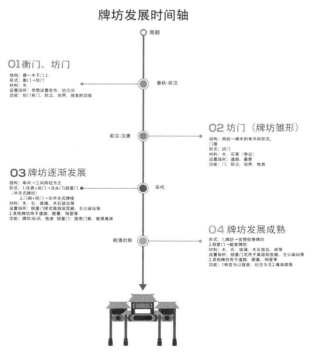

图4　牌坊发展时间轴（图片来源：结合资料笔者自绘）

从形式上可将牌坊划分为两大类或四大类:冲天是牌坊(楼)、非冲天式牌坊(楼)。在功能上演变成标志、纪念和旌表几大功能,特别是明清时期受程朱理学成为统治思想的影响,发扬继承了旌表功能,宣传"忠孝节义"思想,明洪武元年建立节孝坊,使一般形制牌坊成为伦理和制度的符号。

二、鸟居和牌坊在形式上的基本异同

在对鸟居和牌坊的发展历程总结归纳之后,笔者利用系谱轴毗邻轴建轴办法,从基本造型、材料、颜色、场所等方面对两者进行横向对比(见表1)。

鸟居和牌坊的系谱毗邻关系轴 表1

	鸟居	牌坊
使用场所	A.神社	A.街巷道桥 B.陵墓 C.坛庙祠庙 D.寺观 E.殿署 E.祠堂、宅邸、书院 F.名胜景观
形制	有严格规定。"大社内外鸟居二座,内一座九尺口径八寸,外一座一丈径九寸…….	仅对棂星门和牌坊的使用级别有明确规定。《营造法式》中仅规定了不同材质开间尺寸等。(中国古代建筑尚缺乏科学设计程序)——《牌坊》 牌坊(牌楼)宋元以一间两柱(一楼)为主要形制 明清以三间四柱三楼、三间四柱五楼为主要形制,最大为五间六柱十一楼
功能	A.建筑群入口 B.宗教蕴意及信仰功能(驱妖除魔、驱邪治病、带来好运) C.警示功能	A.大门型 B.标志型 C.纪念型 D.装饰型
颜色	 明神系多为红色　神明系多为原木色	 木质以朱红色为主,砖石质以材质原色为主,点缀传统建筑彩画色彩多为灰色系。
材料	 木材质　　石材质	 木材质:所占比约17%主要分布在北方地区　石材质:所占比例约73%主要分布在南方地　琉璃材质15座:所占比例2%　砖石材质、混合材质及其他材质等:所占比例8%
基本造型(立面)		 冲天式牌楼　非冲天式牌楼　冲天式牌坊　非冲天式牌坊

(一)基本造型同:同为类门型

在基本造型方面,鸟居和牌坊都选择了类门型建筑这一形态。首先,鸟居和牌坊均有建筑群入口的基本功能。同时门形建筑能够给人带来仪式感,通过建物的标识,使得城市区域分界更加清晰明确。

异:中国主要牌坊形制主流为四柱三间模式,日本未从单间发展出以多间为主模式。

日本方面成因:①日本人的建筑观,崇尚融于自然,不会表现出强烈的自我存在感。②不追求永恒。建筑目的是为了供奉神明,神社作为神明下凡送给神的礼物,实行"式年替造制度",所以不追求永恒建筑。③很早就对鸟居构造形式有了非常精确的规定。

中国方面成因:①建筑文化以人为中心,建筑服务于人,旌表类建筑服务于封建统治。②追求较为坚固的结构,多间造型可分担主间所受压力。③中国古代早期未对其进行精确而科学的规定,所以后期有了丰富形制的可能。

(二)材料

同:均广泛采用木、石材质。

成因:日本面积虽小,但全境覆盖着优质的桧木资源,优质木材唾手可得。早期鸟居均为木质,6世纪可能受到中国传统建筑技术的影响,出现了石鸟居和石质鸟居附件。

中国地大物博,木材资源丰富。对收集的北京地区 77 个牌坊和安徽地区 116 个牌坊,进行材料分析整理,(图5),可观察出牌坊材料的使用受其所在的地区和使用场所的影响。主要表现为:北京地区材质

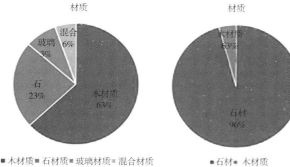

图 5　北京地区牌坊材质　　　　安徽地区牌坊材质

较安徽地区更为丰富，且多为木质（木质占总量的 63%），安徽地区多为石材质，石牌坊占比高达 96%。北京地区的石牌坊主要用于陵寝，而街道、园林、坛庙则多使用木牌坊（图 6）。分析有以下两大原因：

（1）气候，北京地区干燥少雨，且北京作为辽、金、元、明、清多朝古都和北方重镇。建筑材料多选择方便精雕细琢的木材，随着经济中心的南移，特别是明清时期受程朱理学成为统治思想的影响，发扬继承了牌坊的旌表功能，明清统治阶级为了加强对人民进行文化道德控制，官府在社会经济活跃、人口密度大的南方建造了众多牌坊。元末明初，为适应南方湿润多雨的气候，南方出现了石质牌坊。

（2）除了受到客观条件的影响，北京地区木、石牌坊分布规律受到中国人的生命建筑观的影响。中国传统建筑思想中，受风水学的影响很深。古建筑建造过程中遵循五行原则，石材冰冷质地接近金，象征肃杀之气，多用于墓室，木材是向上而生的树木，象征着生气，与居中央的大吉的土配合，作为中国传统建筑的主要材质。

异：中国明清之后装饰式样繁复，较为华丽。日本是非装饰主义的装饰。

鸟居剖析：①日本人的建筑观，崇尚融于自然，不会表现出强烈的自我存在感；②日本人喜简洁的审美习惯，仅凭木材纹理之美以及均衡的比例尺度构成建筑之美。

牌坊剖析：①使建筑更加雄伟，达到对统治阶级敬畏尊崇的目的；②使旌表更加引人注目，从而达到政治目的。

（三）颜色

同：部分以红色作为主基调。

鸟居：明神鸟居或受到中国古代自然观中的五行思想的影响，在五行思想中，红为火，代表阳光温暖，主管农业的稻荷大社和主管武运、胜利的八幡神社多为红色。不仅如此，日本可能受到中国思想的影响，同样认为红色有驱邪除魔的功效。

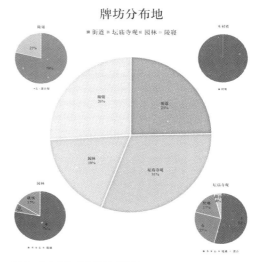

图 6　北京各场所牌坊材质饼状图

牌坊：除了讲究的五行颜色思想，中国人自古以尚红思想，红色在我国被视为一种美满、喜庆的色彩，意味着庄严、幸福和富贵。

异：日本由单一民族构成，始终秉承着融于自然、敬畏自然的建筑观和简洁的审美观，因为幕府统治的影响，没有出现中国封建社会后期专制主义中央集权达到顶峰的现象所以并未发展出如明清时期过于华丽的配饰和彩绘。

三、鸟居和牌坊在空间环境中的特征

上文多是从客观条件和思想的角度分析鸟居和牌坊之间的异同，接下来将从空间角度分析鸟居和牌坊类门形态的成因及其形成的空间秩序。

（一）同为类门型建筑的成因

门形使两点的连线进一步从视觉上暗示了一条垂直于此连线的轴线，两个端点关于此轴线对称。由于这条轴线可以是无限长的，所以在某些情况下，两点连成的线段可能居于更加主导的地位。并且，在这两种情况下，两点连成的线段和垂直轴线，在视觉上要比在每个个别点上可能通过的无限多的直线居于更加主导的地位。由空间中的柱状要素或集中形式所形成的两个点，可以限定一条轴线，用来组合建筑形式和空间（图 7）。

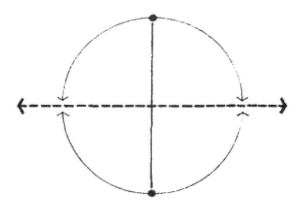

图 7　点、线组合建筑开线与空间示意图（图片来源于《建筑：形式空间秩序》

城市意象的物质形态内容归纳为五种元素——道路、边界、区域、节点和标志物。如果道路缺乏个性，可能因为类似而使人缺乏方向性，很难形成独特的城市意向。

以北京为例，北京市的城市肌理为网格状，规划严谨，整齐划一，有很强的对称性。门形建筑作为城市中的区域与区域之间的节点（标志物），能够很好的分割和区别各个相似的街区。使人在空间中有方向感和参照物。所以鸟居和牌坊都是在城市意象中非常重要的空间构成元素。

虽然同是类门型建筑，但北京地区牌坊没有像日本鸟居一样发展出倾斜的立柱和上翘的笠木结构，因为日本多山的特点，且供奉对象多为山、河等。因为宗教特点，神社修建尽量减少对山体的破坏（图8）

鸟居仰视的效果会（图9）发生透视畸变。在山地情况下，上翘的笠木将人的视线向天空方向引导，改变平行状态下的下坠感。

（二）鸟居和牌坊尺度对比

类门型建筑在不同国家和地区，不同的客观

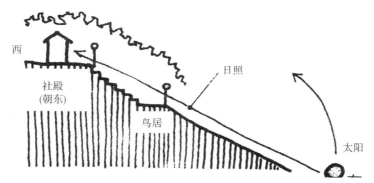

图8 坡地神社布局剖视图（图片来源于《日本神社建筑截剖图鉴》

图9 鸟居仰视（图片来源：笔者自绘）

环境、使用场所等条件下，比例尺度是否有规律可循？笔者对北京地区的不同场所、安徽地区（由于历史原因安徽地区的牌坊多为纪念类型）牌坊、日本部分鸟居抽样，用散点图办法直观对比了它们高宽比的状况。（图10）：

从类门型建筑高宽比的散点图中可发现，北京地区庙宇、街道、部分园林内部的牌坊的高宽比聚集在0.62附近。说明虽然古代未对牌坊进行精确的规定，但其仍然遵循相对形制化的设计，北京地区道路较宽广，建筑高度较低。所以北京地区普通街道牌坊高宽比为0.58，且多为四柱三间形制。

安徽地区的高宽比在1.2附近，其牌坊多为两柱单间形式，说明安徽地区的街道因为地理环境、生活习惯、古代经济状况的影响，街道较窄，建筑为了防潮，纵向拉伸，形成了南方独特的"古

镇尺度"。牌坊为了配合街道本身的特点，形成了围合感更强的空间尺度。

牌坊的尺度根据具体的空间环境，生成不同的高宽比，打破单一的街道空间，从而使得空间更加有节奏感。

从图中可以看出鸟居和牌坊的整体趋势，日本的鸟居的比例比较稳定，直观说明日本对鸟居的建造有精密的规定。日本的比例接近于中国的棂星门或者纪念旌表性牌坊的比例，且大于一般街道牌坊的比例。这种牌坊中国多用于级别较高的祭祀或皇家园林，日本用于神社。接近1比1的高宽比给人以包围感受。高耸的类门型建筑给所在场所渲染出一种神圣的气氛，它们包围感的建筑尺度与类门型建筑之后的宽阔的庙宇、神社、陵墓建筑群形成鲜明对比，使空间有非常强的形式感和节奏感。

图 10 高宽比散点图（图片来源：笔者自绘）

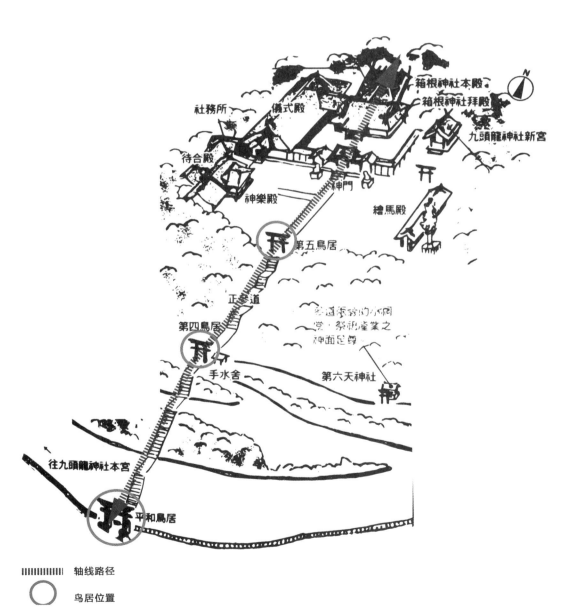

|||||||||| 轴线路径

⭕ 鸟居位置

图 11 箱根神社轴线分析

类似于院落式的严谨的布局，便于巧妙地控制人的视点和行为路径。在重要的节点上控制空间透视关系，从而影响构图，利用取景框（类门型建筑）、门、桥、台阶等按照轴线构图，因为轴线本身是二维的线性状态，使得轴线具有了长度和方向性，在无形之中，引导人的行为活动，展示设计者想要展示的景观节点。如图日本箱根神社（图11）和山东孔庙建筑布局（图12），人在建筑群中运动时，在类门型建筑的引导下，将视线集中到重要的神社、庙坛建筑，穿过空间序列中的模块，一步步向核心建筑走去，尺度的对比将庄严神圣的气息渲染更甚，充满了仪式感。

四、类门型建筑在设计中的尝试

通过研究和比较，笔者认为鸟居和牌坊在形式和内容上因中日客观条件的差异和传统建筑观，有诸多异同。但其在空间环境中有相似的功能和特征，它们作为形式要素，类门型建筑可以形成框形从而改变人的透视，使之更为丰富和多变。通过不同的排列手段和尺度的变化以及其他空间构成的配合，从而使整个空间形成序列，建立张弛有度的空间秩序，对当代景观设计有非常重要的指导作用。我们在设计中也应当注重细节在空间中的作用，不仅仅通过导视系统本身控制人的行为路径和参观顺序，更应当思考空间序列排列方式和节奏，从而无形中影响人的空间体验和感受。

笔者曾在卧龙大熊猫苑神树坪基地课题中，尝试使用门形建筑设计。该项目中，因为主景区与主路间是一条距离较远的无名乡间小路，且导视系统效果比较差，笔者课题组在寻找项目地过程中非常不顺利。因为路线较长，步行至景区的办法并不人性化。另外，简单设置导视牌也不能很好的吸引司机的注意，于是我们决定借用牌坊

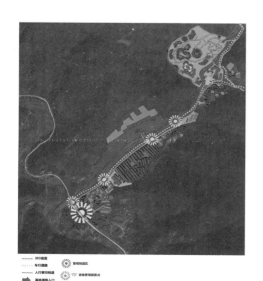

图13　装置点位图

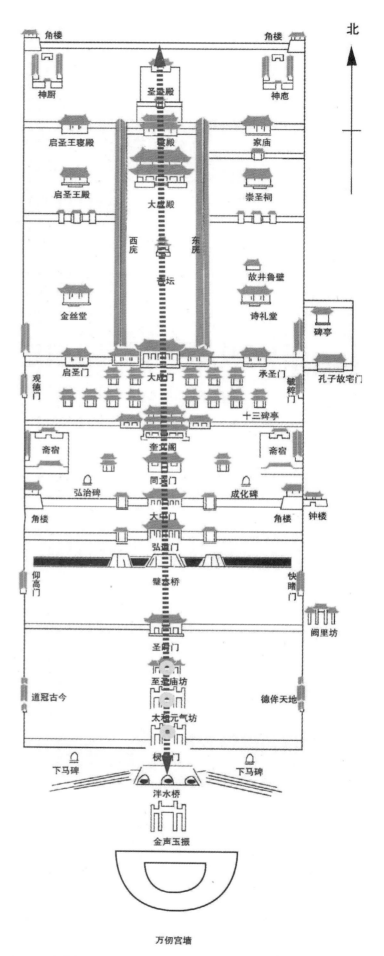

图12　山东曲阜孔庙轴线分析（底图源自官方网站）

的形式,用南方常见的栅栏结构,配合熊猫的主题,使用防水木材质,设计了一组类门型片状装置,引导游客进入主景区(布置位置见图13)。装置灵感来自于层层叠叠高低起伏的山林景象和熊猫剪影的拼合。

图14 设计总平面图

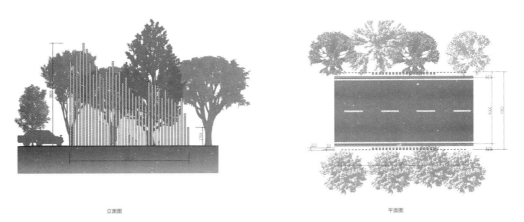

图15 平立面图

从入口到景区内部多处设置类门型装置(图14),因为考虑本段路程是游客开车进行,栅栏状装置随着光影变化和角度的不同,熊猫像是在跟游客"躲猫猫"一样,在山林中的装置里忽隐忽现。(图15)

因为参观方式是车行参观,所以在设计的过程中要考虑人在车行视角高度和速度。因此我们设计的观赏距离为50 m,视线高度为1.6 m,在限速20 km/t及 5m/s 的情况下,从距离装置50 m的距离到完全通过装置的时间为 13 秒。并制作了下图的观赏视觉角度模拟。(详情见图16)

五、结语

针对鸟居的研究,日本本国对于鸟居的起源发展考证寥寥数篇,国内学界对于日本建筑对比研究较为薄弱,特别是针对鸟居和牌坊的对比文章在CNKI、维普等数据库中仅有 2 篇。

鸟居和牌坊在起源、发展历程等多方面，因为资料记载和出土证据不足的缘故，在学界众说纷纭。笔者对鸟居和牌坊在形式上的异同比较属抛砖引玉之举，本文除了对比两者形式上的基本异同，还扩展出了站在设计学角度，两者在空间中的特征，探索古人在景观规划中的智慧，并举出了笔者做出的一点类门型建筑尝试，为笔者日后的研究和设

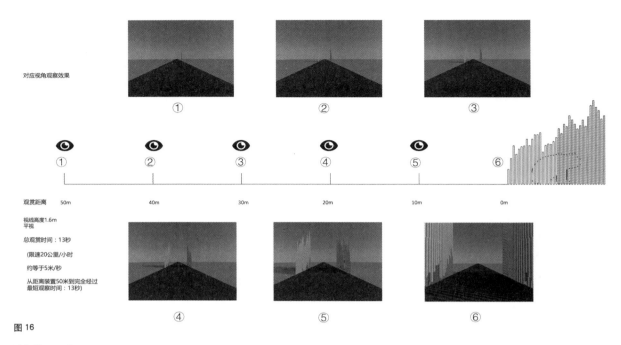

图16

计提供了思路。

　　（致谢：笔者在文中牌坊数据部分整理自赵伟璐老师和梁铮老师论文附录的牌坊信息，同时感谢符号学课程的张野老师和卧龙课题组解敏、段莹两位同学。）

参考文献：

[1] 楼庆西. 牌楼 [M]. 清华大学出版社，2016.
[2] 汉宝德. 中国建筑文化讲座 [M]. 上海. 三联出版社，2013.
[3] 太田博太郎. 日本建筑史序说 [M]. 上海. 同济大学出版社，2016.10.
[4]（日）藤井惠介，玉井哲雄. 图说日本建筑史 [M]. 南京大学出版社，2017.1.
[5]（日）STUDIOWORK 工作室. 日本建筑解剖 [M]. 南海出版社，2018.6.
[6] 姚义斌，裴凤. 中国符号文化. 建筑卷 [M]. 花城出版社，2009.4.
[7] 平间美加子. 日本神社建筑截剖图鉴 [M]. 新北市：枫书坊文化出版社，2017.11.
[8] 金其桢，崔素英. 牌坊·中国：中华牌坊文化 [M]. 上海：上海大学出版社，2010.
[9][美] 程大锦. 建筑：形式空间秩序 [M]. 天津：天津大学出版社，2018.7.
[10][美] 凯文. 林奇. 城市意象 [M]. 北京：华夏出版社，2014.4.
[11] 赵伟璐. 北京传统牌楼（坊）空间环境研究 [D]. 北京建筑大学，2018.
[12] 王晓东. 论日本人的鸟居信仰 [J]. 世界民族. 2011（05）.70—80.
[13] 梁铮. 牌坊探究——以皖、赣、鄂地区为例 [D]. 华中科技大学，2007.
[14] 赵文涛. 关于鸟居和日本古代信仰关系的考察（日语文献）[D]. 内蒙古大学，2016.
[15] 赵媛. 中国现存牌坊文化遗迹的地域分异及成因 [C]. 地理研究. 第十期，第 35 卷.
[16] 金其桢. 论牌坊的源流及社会功能 [J]. 中华文化论坛. 2003（01）.71—75.
[17] 刘志杰，盛海涛. 浅谈中日传统建筑文化 [J]. 长安大学学报（建筑环境版），2004，21（01）.
[18]（美）马克. P · 凯恩. 日本式园门——园林的象征符号 [J]. 中国园林，1990（03）.

作者：刘梦瑶，北京交通大学，研究生